O terceiro excluído

Fernando Haddad

O terceiro excluído

Contribuição para uma antropologia dialética

2ª reimpressão

Grafia atualizada segundo o Acordo Ortográfico da Língua Portuguesa de 1990, que entrou em vigor no Brasil em 2009.

Capa e imagem
Bloco Gráfico

Colaboração na introdução
Ivan Marsiglia

Tradução das citações em inglês
Odorico Leal

Preparação
Officina de Criação

Índice remissivo
Luciano Marchiori

Revisão
Camila Saraiva
Ana Maria Barbosa

Dados Internacionais de Catalogação na Publicação (CIP)
(Câmara Brasileira do Livro, SP, Brasil)

Haddad, Fernando
O terceiro excluído : Contribuição para uma antropologia dialética / Fernando Haddad. — 1ª ed. — Rio de Janeiro : Zahar, 2022.

Bibliografia
ISBN 978-65-5979-061-6

1. Antropologia 2. Antropologia – Brasil 3. Ciências políticas 4. Sociologia – Brasil I. Título.

22-101644 CDD: 301

Índice para catálogo sistemático:
1. Antropologia dialética : Sociologia 306.20981

Eliete Marques da Silva – Bibliotecária – CRB-8/9380

[2022]

EDITORA SCHWARCZ S.A.
Praça Floriano, 19, sala 3001 — Cinelândia
20031-050 — Rio de Janeiro — RJ
Telefone: (21) 3993-7510
www.companhiadasletras.com.br
www.blogdacompanhia.com.br
facebook.com/editorazahar
instagram.com/editorazahar
twitter.com/editorazahar

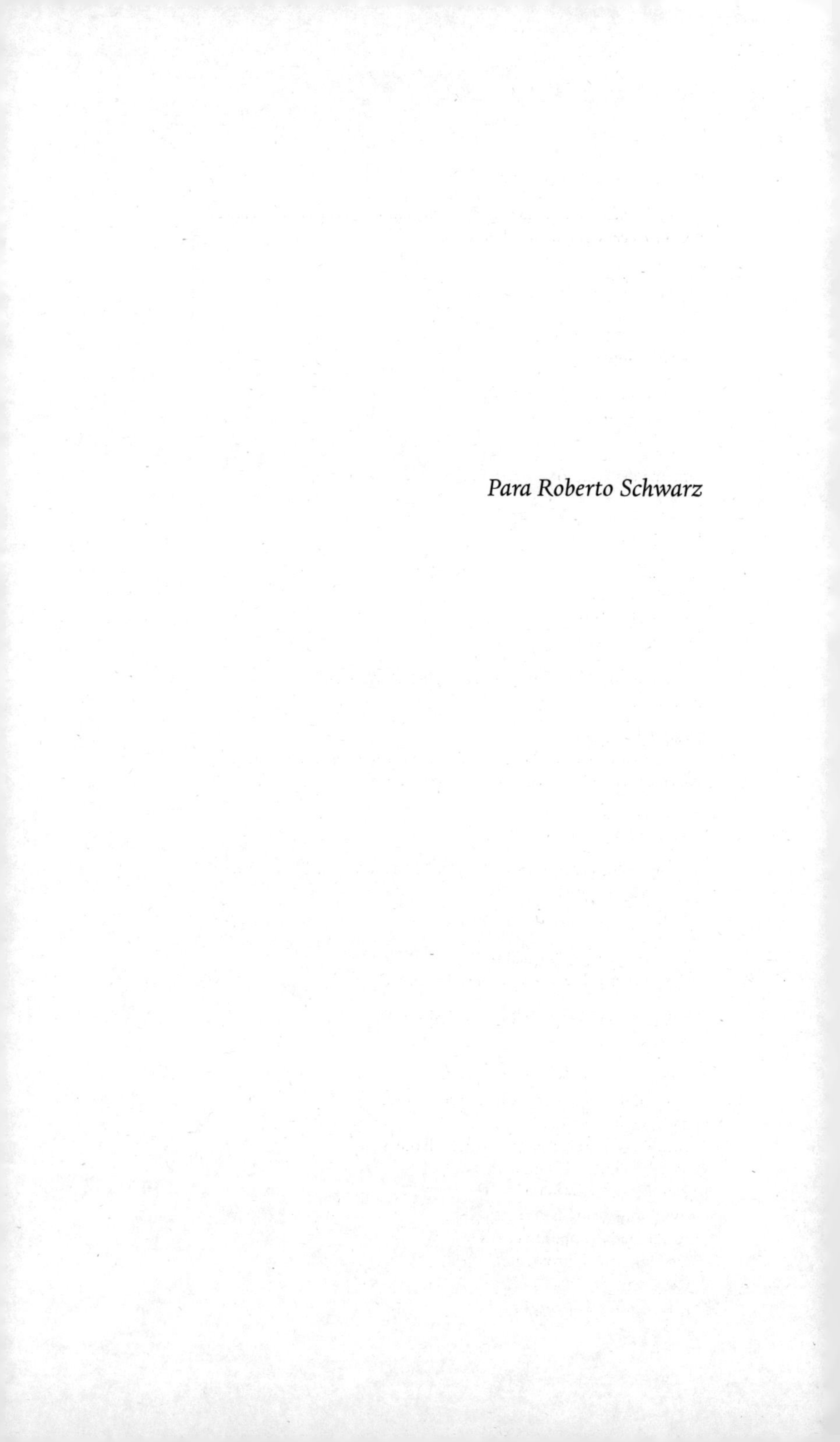

Para Roberto Schwarz

Sumário

Apresentação

Por um novo horizonte utópico

Quando o mais importante linguista do mundo entrou na minha casa, o Brasil vivia sua quadra política mais dramática desde a redemocratização. Num surto de incomunicabilidade política, a encruzilhada entre barbárie e civilização parecia não ser percebida por parte significativa do país. Noam Chomsky viera fazer uma visita de solidariedade ao ex-presidente Lula, então preso na sede da Superintendência da Polícia Federal no Paraná, e Mila Frate, coordenadora da área de cooperação internacional da Fundação Perseu Abramo, fez a ponte entre nós.

No dia 30 de setembro de 2018, um domingo, o decano do MIT e sua esposa, a tradutora brasileira Valéria Chomsky, sentaram-se à mesa da residência onde eu cresci, no bairro Planalto Paulista, em São Paulo, para um café da manhã comigo, minha companheira Ana Estela e outros dois convidados, o crítico literário Roberto Schwarz e sua esposa Grecia de la Sobera.

Chomsky, eminente ativista dos direitos humanos, estava preocupado com a ascensão do extremista de direita Jair Bolsonaro, com quem eu disputaria, a partir do domingo seguinte, o segundo turno das eleições presidenciais. De modo que eu me encontrava, no intervalo de apenas uma semana, entre conversar com um dos grandes humanistas vivos e enfrentar nas urnas um psicopata. Sentia o choque de perspectivas irreconciliáveis.

O professor do MIT nos perguntava sobre a situação da esquerda no Brasil e as dificuldades para a construção de uma frente ampla contra Bolsonaro. Eu respondia e aproveitava para lhe fazer perguntas sobre linguística. Num dado momento, fiz a Chomsky uma pergunta teórica que, percebo hoje, tinha relação direta com o que eu vivia naquele momento — e que desencadearia depois a fagulha que gerou este livro. É possível explicar a Teoria da Relatividade de Einstein para um povo isolado? É possível compreender sua visão de mundo? A resposta foi inequívoca: "Não há nada na estrutura psíquica de um ser humano qualquer que o impeça de entender perfeitamente, nos seus próprios termos, a Teoria da Relatividade ou a cosmologia de um povo isolado", afirmou o linguista.

Chomsky então explicou, à luz de sua teoria da gramática gerativa — que concebe a linguagem na relação entre as propriedades da mente humana e a organização biológica da espécie —, que nós seres humanos viemos ao mundo equipados com a capacidade de linguagem que nos permite transitar entre universos distintos. O que conta é uma gramática subjacente que organiza o mundo e é comum à espécie humana em geral. Para quem estava preocupado com questões como incomensurabilidade entre culturas e visões de mundo, intraduzibilidade e irracionalidade, foi um alento ouvir essa ideia reiterada no momento histórico em que vivíamos a inquietante sensação de conviver com uma parcela do país com a qual não havia denominador comum possível.

De fato, não foram os ataques, as mentiras e as acusações que sofri por parte de grupos bolsonaristas que me chamavam a atenção. Era a sem-cerimônia com que o candidato rival — que desde os primeiros meses da campanha sintomaticamente se negou ao debate — falava de coisas inimagináveis: o elogio da ditadura, da tortura e do assassinato de pessoas, para ficar em alguns exemplos ilustrativos. Diante da barbárie, é espantoso como pessoas com discernimento optaram pela omissão — quando não pela conivência com ela.

Às vésperas daquela fatídica eleição, eu só pensava em afastar a tragédia que se mostrou inevitável, dadas as circunstâncias políticas. Após a derrota, decidi escrever um livro — que seria então sobre desenvolvimento econômico. Uma crítica do modelo brasileiro, no meu entendimento, calcado em dois pilares: o patrimonialismo e a escravidão. Até hoje, acredito que a imbricação entre esses dois elementos ainda não foi inteiramente compreendida por nenhuma interpretação do Brasil.

O autor que mais se dedicou ao tema do patrimonialismo brasileiro foi Raymundo Faoro. O patrimonialismo, segundo Weber, caracteriza-se por uma ampla esfera de arbitrariedade e a correspondente baixa estabilidade das posições de poder, impeditivas da constituição de uma esfera pública a partir das categorias de direito público que moldam o Estado moderno. Em vez da objetividade abstrata de um direito igual, típica do Estado moderno, o Estado patrimonial é regido pelo princípio oposto, o das considerações eminentemente pessoais, típicas de situações de poder instáveis em que as contrapartidas são entendidas como cumprimento de um dever pessoal ou mesmo de um favor.

Economistas pouco versados em sociologia, em geral, invocam o lobby ou a captura para dissipar as diferenças entre o

Estado patrimonial e o Estado moderno. O lobby e a captura, entretanto, pressupõem a separação das esferas pública e privada. No caso do Estado moderno, há dois lados do balcão e, sem dúvida, o lobby e a captura são possíveis. Na situação patrimonial, entretanto, as negociações se dão em torno de uma mesa-redonda de posições indiscerníveis em que a margem de arbitrariedade é qualitativamente diferente. O fenômeno foi notado pelo jovem Fernando Henrique Cardoso, mas nem ele, nem Sérgio Buarque de Holanda ou Maria Sylvia de Carvalho Franco, que dedicaram atenção ao tema do patrimonialismo (e do favor), aprofundaram-se suficientemente e deram consequência a suas intuições.

Faoro, por seu lado, embora tenha dedicado uma obra alentada ao tema, *Os donos do poder* (1958), descreveu a história de Portugal e do Brasil como um continuum, da dinastia de Avis até Getúlio Vargas, em que o patrimonialismo se transforma permanentemente para permanecer o mesmo. Numa conversa comigo, Luiz Felipe de Alencastro notou que Faoro não faz a distinção clássica nas ciências sociais entre classe dirigente e classe dominante. Ao negligenciar essa diferença básica, ele não percebe que houve no Brasil uma transferência da "posse" do aparato estatal-patrimonial da classe dirigente para a classe dominante. Faoro, para quem a soma dos favores e vantagens conferidos pelo Estado patrimonial brasileiro constitui a parte mais relevante e ativa da atividade econômica, chega a ponto de dizer: "atuante é a intervenção do Estado, secundária a presença dos particulares, *agentes públicos mascarados em empresários*" (grifo meu). Agentes públicos? A confusão conceitual — gerada por um déficit de economia política — não poderia ser maior, assim como o uso ideológico da sua interpretação da história do Brasil.

Numa outra direção, a tese que eu gostaria de desenvolver, então, era a de que, por ocasião da proclamação da República, o Estado patrimonial mudou de mãos, sem se republicanizar. O patrimonialismo mudou de natureza, "modernizou-se". Sob as bênçãos do Exército, houve importante troca de comando, da monarquia constitucional para uma "oligarquia absoluta", na feliz expressão de Machado de Assis que Roberto Schwarz me deu a conhecer (crônica de 11 de maio de 1888, *Gazeta de Notícias*, coluna "Bons Dias"). E isso aconteceu em consequência e por causa da abolição da escravatura, oficializada em 13 de maio de 1888. Notável, a esse respeito, o movimento dos "republicanos de última hora" ou "republicanos de 14 de maio". Ainda que pouco expressivo, o movimento, composto por fazendeiros escravagistas, entrou em ação no dia seguinte à abolição e, somando-se a outros grupos antimonarquistas, insurgiu-se decisivamente contra a Coroa, até consumar o golpe de 15 de novembro de 1889, ocasião em que os militares assumiram o comando do Estado patrimonial apenas para, quatro anos depois, repassá-lo aos cafeicultores a título de "indenização".

A partir daí, a história se repete: sempre que o voto popular tenta promover uma alternância real de poder, rompendo o pacto oligárquico-patrimonial original, os militares são chamados a fazer valer o "acordado", combatendo o "comunismo" ou qualquer outra assombração e devolvendo o Estado a quem de direito. Enganam-se, portanto, aqueles que afirmam que não houve indenização pela abolição da escravatura. O comando do Estado patrimonial foi a contrapartida exigida pelos senhores. E os negros, num certo sentido, pagam indenização aos senhores até nossos dias, na forma de exclusão social, política e econômica; uma história que só muito recentemente começou a mudar e contra o que Bolsonaro representa uma reação.

Em 2019, iniciei as leituras, pesquisas e conversas para escrever sobre o binômio patrimonialismo-escravidão e os obstáculos ao desenvolvimento brasileiro. Acompanhei o debate teórico sobre desenvolvimento nacional em geral até o fim dos anos 1990. Cheguei a prefaciar um livro de Giovanni Arrighi sobre o tema, intitulado *A ilusão do desenvolvimento*. Anos antes, minha dissertação de mestrado sobre o colapso do sistema soviético fazia uma apreciação, no âmbito da economia política, daquilo que se apresentava como uma forma anti-imperialista de desenvolvimento nacional tardio. Ao contrário das visões romanceadas que se fazia dele na época, eu argumentei que se tratava de uma forma de acumulação primitiva sui generis que se valia do despotismo oriental arcaico, dando a ele um propósito novo no caminho da industrialização. Assim como os Estados Unidos pós-Independência mantiveram a escravidão por quase um século para acumular capital, a Rússia stalinista reativou os métodos despóticos do czarismo com o mesmo fim.

Cheguei a cobrir boa parte da bibliografia de história: sociedade feudal, transição para o capitalismo, mercantilismo, história de Portugal, história do Brasil. Quando comecei a me atualizar sobre teoria do desenvolvimento, notei a presença de biólogos, junto a psicólogos, antropólogos e economistas, trabalhando lateralmente o tema do desenvolvimento econômico sob a roupagem da seleção de grupo.

Já em 2020, ainda instigado pelo encontro com Chomsky, me dei conta da presença de um certo discurso evolucionário nas novas concepções sobre o funcionamento da economia e da sociedade, particularmente quanto a temas como difusionismo, cooperação/altruísmo e institucionalismo que traçava paralelos entre desenvolvimento nacional, de um lado, e evolução, do outro.

Logo percebi, no entanto, que havia bastante sofisticação nesse inusitado *revival* teórico — que em nada lembrava a precariedade da argumentação do darwinismo social do século XIX. Foi a partir da chamada "síntese moderna", ou "teoria moderna da evolução", que alguns biólogos voltaram a se sentir seguros para falar da "evolução" das sociedades humanas.

Como a biologia sempre se apresentou, de maneira geral, como um desafio para a sociologia, de Spencer a Luhmann, passando por Parsons, decidi que escreveria um artigo acadêmico contrapondo os conceitos de "evolução e desenvolvimento nacional", num plano, e os conceitos de "desenvolvimento nacional e emancipação humana", em outro. Esse esforço poderia funcionar como capítulo introdutório do livro de economia política que pretendia escrever sobre o Brasil. Contudo, o que começou como um pequeno ensaio cresceu, tomou caminhos diversos e se transformou no presente livro.

Possivelmente, alguém se perguntará por que agora, num momento crucial da vida política brasileira, decido publicar um texto acadêmico como este. O fato é que, se nos últimos anos passei a ser mais conhecido como homem público, no meu íntimo ainda me vejo também como professor. E diante do achatamento brutal do debate público no país, o meu ímpeto foi o de seguir na direção oposta, da reflexão e do aprofundamento.

Ainda assim, trata-se de uma obra que dialoga com seu tempo e cujo tema subjacente, a princípio, o desenvolvimento nacional — com o qual se ocupa a política tradicional, mesmo a progressista —, passou a ser a emancipação humana, uma proposta de resgate da dimensão utópica, da capacidade humana de projetar o futuro, tão necessária à ação política contemporânea e que parece ter saído do nosso horizonte.

Também pode surpreender o caráter multidisciplinar do texto que, em seus três capítulos, transita da biologia para a antropologia, e então para a linguística, sem desprezar contribuições de outras disciplinas como a filosofia, a economia e a sociologia. A verdade é que minha trajetória acadêmica sempre foi marcada por esse caráter plural, movida por uma contínua curiosidade intelectual e por certa dose de acaso. A propósito, aproveito para sugerir ao leitor pouco familiarizado com o pensamento biológico contemporâneo que, se desejar, inicie a leitura do livro a partir do capítulo 2.

Meu primeiro desejo, ainda garoto, era cursar engenharia civil. Minhas matérias preferidas eram física e matemática. Quando me preparava para o exame de seleção, um drama familiar, provocado por um infortúnio jurídico, que quase custou à minha família o modesto patrimônio, me levaria aos arcos da Faculdade de Direito do Largo de São Francisco.

Meu pai, imigrante libanês, natural de uma vila camponesa, contava 56 anos à época e teve um choque emocional enorme. Minha família viveu dias angustiantes. É óbvio que eu não teria tempo de me formar para defendê-lo num processo judicial. Minha ideia era me apropriar do assunto e pedir ajuda a um dos ilustres professores da faculdade, já que não dispúnhamos de recursos para contratar um bom advogado. Goffredo Telles Jr. era o professor que mais impressionava os calouros e foi ele que gentilmente encaminhou a solução.

A partir daí, passei a trabalhar com meu pai para reconstruirmos nossas vidas. Por uma década e meia atuei no comércio atacadista, na incorporação imobiliária, como analista de investimento de banco e, finalmente, como consultor. No final dos anos 1990, idealizei e executei um projeto, que levei para a Fundação Instituto de Pesquisas Econômicas da Universidade de São Paulo (Fipe-USP). O sucesso da chamada Tabela Fipe provocou uma pequena revolução no mercado segurador de automóveis e o resultado me daria um fôlego financeiro para amparar meus pais (meu pai foi vítima de um AVC em 1997) e dedicar-me exclusivamente aos estudos e à gestão pública.

Nesses quinze anos, estudei direito, economia e filosofia. Participei ativamente do movimento estudantil no último ano e meio do curso de direito (1984-5). Elegi-me presidente do mais tradicional centro acadêmico do país, o XI de Agosto. Em virtude da minha participação política, interessei-me por economia e filosofia. Em 1986, prestei, em fevereiro, o exame da OAB, e, em outubro, o exame da Associação Nacional dos Centros de Pós-Graduação em Economia (Anpec) para ingresso no mestrado em economia. Desenvolvi minha dissertação, como aluno visitante, na McGill University.

Concluí o mestrado em 1990. Inicialmente, pretendia seguir carreira acadêmica em economia. Mas, pelo menos na FEA-USP, aquilo que tinha me motivado a estudar economia havia deixado de existir como área de pesquisa. A economia política foi relegada à história do pensamento econômico. Meus autores preferidos, Smith, Ricardo, Marx, Keynes e Schumpeter, viraram peças de museu e a ciência econômica ficou restrita a dois campos: o dos modelos abstratos matematizados e o da microeconometria.

O doutorado em filosofia me pareceu o caminho a seguir. Tinha familiaridade com os clássicos, mas conhecia a produção filosófica de dois professores brasileiros que chamavam a atenção por certa ambição intelectual: Ruy Fausto e José Arthur Giannotti. Apresentei a Paulo Arantes, especialista em Hegel e profundo conhecedor do pensamento crítico brasileiro, um projeto de pesquisa que pretendia desenvolver uma abordagem crítica da Teoria da Ação Comunicativa, formulada pelo filósofo alemão Jürgen Habermas, egresso da Escola de Frankfurt.

A ideia básica era contestar o programa habermasiano de reconstrução do materialismo histórico. Se, por um lado, Habermas me interessava pelo papel que a linguagem simbólica assumia no seu modelo, por outro eu não compreendia o fato de a dialética simplesmente desaparecer do seu arranjo e, com ela, toda a dimensão crítica do materialismo. Os resultados da tese, defendida em 1996, foram objeto de dois artigos acadêmicos: "Habermas: herdeiro de Frankfurt?", publicado na revista *Novos Estudos*, n. 48, 1997, e "Toward the Redialectization of Historical Materialism: Labor and Language", publicado na revista *Cultural Critique*, n. 49, 2001.

Concluído o doutorado, recebi de um querido amigo, o professor André Singer, a informação de que o Departamento de Ciência Política da USP abriria edital para contratação de professores. Singer me estimulou a tentar. A princípio relutei, mas ele me apresentou um argumento muito convincente: onde mais se pode trabalhar disciplinas como direito, economia e filosofia de forma interdisciplinar? Foi assim que, depois de uma longa trajetória, o aspirante a engenheiro tornou-se cientista político.

Meu primeiro voto, em 1982, foi dado a Rogê Ferreira, candidato socialista a governador de São Paulo, que disputava as eleições pelo PDT de Leonel Brizola e Darcy Ribeiro, contra, entre outros, Luiz Inácio Lula da Silva. O PDT era, então, o partido da educação, motivo da minha decisão. A partir de 1983, contudo, passei a militar junto dos companheiros do Partido dos Trabalhadores (PT), ao qual me filiaria dois anos depois, em 1985, logo após a campanha das Diretas Já.

Somente em 2001 eu viria a ter minha primeira experiência administrativa na gestão pública. Marta Suplicy, no ano anterior, vencera as eleições para a prefeitura de São Paulo. Fui trabalhar como chefe de gabinete de seu secretário de Finanças, o economista João Sayad, com quem eu já tinha uma profícua interlocução, motivada pela leitura que ele fizera de minha tese de doutorado. Sayad dedicava-se a estudar filosofia e, na segunda metade dos anos 1990, havíamos mantido encontros regulares para discutir a obra dos autores de interesse comum.

Embora estivesse lotado na Secretaria de Finanças, minha obsessão pela educação logo se fez notar. Fui um dos formuladores do projeto dos Centros Educacionais Unificados (CEUs), a maior vitrine da gestão Marta. O embrião do Prouni, maior programa de bolsas universitárias da história, marca do governo Lula, também foi gestado por mim ainda na administração municipal, embora tenha malogrado no nível local.

Em 2003, após um leve desentendimento entre Marta e Sayad, decidi me mudar para Brasília. No primeiro ano do governo Lula, fui convidado por Guido Mantega a assumir um cargo de assessor no Ministério do Planejamento. Minha companheira Ana Estela assumiu um cargo equivalente no Ministério da Educação. Eu, na época, trabalhava na formulação da lei das parcerias público-privadas. Ela, que organizava a correspondência do ministro Cristovam Buarque, se defrontava com pais e estudantes desesperados por acesso à educação superior, um drama vivido pelos filhos dos trabalhadores que conseguiam concluir o ensino médio.

Um dia, Ana Estela recebeu uma carta de uma mãe que pagava o financiamento estudantil de um filho que havia morrido. O programa de financiamento estudantil não dispunha de seguro de vida. Ana Estela me intimou a retomar o projeto municipal, que não tinha saído do papel. Dividimos as tarefas: Ana Estela fez o levantamento da contabilidade das instituições particulares e do censo escolar da educação superior; e eu cuidei da parte relativa ao orçamento público e à legislação federal que regulamentava as isenções fiscais de que gozavam as instituições privadas de ensino superior.

Minutamos o projeto. Ana Estela o apresentou a Cristovam Buarque, que demonstrou pouco interesse. Em janeiro de 2004, assumiria o Ministério da Educação Tarso Genro, que, por pura coincidência, me convidou para ser seu secretário executivo, uma espécie de vice-ministro. Tarso Genro empolgou-se com o projeto. Levou ao presidente Lula, que vibrou com a ideia e cobrou agilidade da área econômica. Nascia, assim, o Prouni, o maior programa de acesso à educação superior da história do país, que incluiu, àquela altura, quase 3 milhões de jovens na universidade.

Quando Tarso Genro deixou o ministério, por ocasião da crise de 2005, Lula me convidou para assumi-lo. Durante os quase sete anos à frente da pasta, um conjunto enorme de iniciativas foram deflagradas no âmbito do Plano de Desenvolvimento da Educação, que marcaria o período como os anos dourados da educação brasileira.

Depois do ministério, Lula me convidaria para disputar a eleição para prefeito de São Paulo, função que me manteria afastado da universidade até a derrota de 2016, quando tentei a reeleição.

Depois de um breve retorno como professor da USP, aceitei o convite do Insper, uma prestigiada instituição privada, para ajudar a formatar um programa de mestrado profissional gratuito em políticas públicas. Permaneci no Insper por quatro anos, tendo me afastado apenas por alguns meses, em 2018, para disputar a presidência da República. No início de 2021, a volta para a USP e a pandemia de covid-19 me deram a ocasião e o tempo necessários para a elaboração deste livro. Foi também uma maneira de manter a sanidade mental em meio a tanta desgraça produzida por Bolsonaro e o vírus.

A PROPOSTA DESTE LIVRO é fazer uma crítica imanente ao *mainstream* da biologia, da antropologia e da linguística. Procura se resgatar o lugar próprio das humanidades e seu olhar crítico sobre os dilemas que a humanidade enfrenta, ao mesmo tempo que pavimenta o caminho para uma recepção mais generosa de trabalhos heterodoxos, sobretudo antropológicos, não tratados neste livro, mas que vem ganhando terreno nas últimas décadas. Parto da ideia de que os problemas com os quais nos defrontamos hoje perpassam muitas questões — ecológicas, nacionais, étnico-raciais, de gênero, de classe ou de grupos específicos — que devem ser consideradas na sua especificidade, sem perder de vista, contudo, a ideia de recuperar uma visão ampla e global de emancipação humana.

A crítica ao *mainstream* parte do seguinte pressuposto: o de que a contradição é uma dimensão específica do humano, e, sem ela, incorre-se em uma pseudociência, que no mais das vezes só serve para justificar concepções ideológicas de feição positivista. Sem a dialética, pretende-se demonstrar, as humanidades se tornam presa fácil de abordagens que buscam aproximar a dinâmica cultural humana de um processo de diferenciação ainda prisioneiro do binômio variação/seleção.

Da mesma maneira que a biologia, diante da física e da química, invoca propriedades transcendentes ou emergentes de uma dimensão mais complexa como a vida — o que em nenhuma medida nega as propriedades da matéria inorgânica —, as humanidades devem invocar o que é próprio da cultura em relação à vida para firmar sua especificidade, sem que seja necessário negar nenhuma das propriedades da biologia.

Dito de outra maneira, assim como os físicos e químicos podem contribuir com a elucidação dos mistérios da vida sem, no entanto, tentar reduzi-la às moléculas, os biólogos podem apoiar a pesquisa sobre a dinâmica cultural sem reduzi-la aos genes ou a outros replicadores.

O meu argumento é de que a fórmula variação/seleção, apropriada para descrever a dinâmica da evolução biológica, não se aplica à cultura. Seria necessário encontrar outro conceito que não o de *evolução* para se referir à dinâmica cultural.

A hipótese que procuro defender é de que a cultura não evolui, mas *revolui*, um neologismo que busca deixar claro que a "evolução" cultural não se dá nos mesmos termos da evolução biológica. O verbo "revoluir" pretende justamente transmitir com mais propriedade a ideia de que as mudanças culturais se dão em um processo contraditório, dialético.

Assim como a passagem da física e da química para a biologia é transcendente, quando a partir de processos físico-químicos se instaura a vida, a passagem da biologia para a cultura é igualmente um movimento transcendente, em que uma dimensão não nega a anterior, apesar do caráter disruptivo de ambas: a origem da vida e o aparecimento da linguagem humana. Se a linguagem simbólica é, de fato, um resultado da evolução, ela produz uma "outra" natureza que vai além da biológica.

Como sugere o biólogo François Jacob, as "três naturezas" — física, biológica e cultural — distinguem-se uma da outra por sua relação com o vetor tempo. Uma outra forma de dizer talvez se mostre mais precisa: um único mundo, três temporalidades. Como veremos em mais detalhes, as leis fundamentais da física são simétricas no tempo; no caso da biologia, o passado e o porvir representam direções totalmente distintas, assimétricas; a linguagem simbólica, pressuposto da cultura, típica dos seres humanos, nos deu a capacidade de viajar no tempo e de inventar um porvir.

É justamente na dimensão temporal que se encontra a chave para entender por que as culturas revoluem: a atividade simbólica não produz apenas identidade e diferença; produz também *contradição*. O símbolo liberta os seres humanos da imediatez típica dos organismos não humanos e lhes permite *projetar-se*. O aparecimento da linguagem simbólica lançou o ser humano para uma terceira dimensão da temporalidade que nos torna capazes de imaginar, coletivamente, objetivos e perspectivas comuns ou contraditórias.

Assim, os projetos de grupos humanos diferentes podem se harmonizar ou se antagonizar. Se, biologicamente falando, as chances de os seres humanos especiarem são remotas, a especiação cultural é acontecimento frequente. Quando a especiação cultural se completa, entretanto, não produz diferença, mas contradição. Esse processo, que chamo *alienização,* não cria uma espécie biologicamente diferente, mas uma "espécie" *culturalmente antagônica.*

O TÍTULO DESTE LIVRO é um jogo de palavras. A famosa lei do terceiro excluído é uma das leis do pensamento que pretendem banir a contradição do domínio da lógica formal. Decidi, de modo provocativo, batizar um personagem contraditório realmente existente com o nome da lei. Com este movimento não apenas pretendo reentronizar a dialética nas humanidades, mas fazê-lo situando a contradição no "lugar" correto: na relação das culturas entre si. O *terceiro excluído,* aos olhos de ego e alter, é e não é um ser humano. Podemos caracterizá-lo de *radicalmente outro* (*autrui*), como Levinas. Prefiro o *Unheimliche* freudiano, que passa a ideia de ambiguidade. É esse personagem que nos permitirá conceber a contradição como uma relação triádica entre ego, alter e alien, sem o que não se compreende a dinâmica cultural.

Ao situar a contradição na relação das culturas humanas entre si, passamos a entender a religião e a economia como duas de suas expressões, mediada pela linguagem. Os fenômenos analisados por Feuerbach e Marx, que têm como pano de fundo a alienação religiosa e econômica, respectivamente, vistos desta perspectiva, surgem derivados de um processo mais fundamental, em que a linguagem simbólica recupera sua precedência, sem recair no idealismo hegeliano nem prescindir da dialética, como no caso do materialismo contemplativo feuerbachiano.

Trata-se, portanto, de uma interpretação que se mantém no campo do materialismo histórico ao mesmo tempo em que incorpora a perspectiva da antropologia. O que proponho, portanto, é uma síntese proveitosa em que o materialismo é antropologizado e a antropologia é dialetizada, afastando as concepções reducionistas da cultura que retiram potência da contribuição que as humanidades podem dar à ciência.

A certa altura, as sociedades incorporam o terceiro excluído por subjugação, processo mediante o qual conquistadores escravagistas domesticam os dominados, reduzindo-os, em um processo de despessoalização, a elementos inorgânicos da sua própria reprodução.

Nesse contexto, a relação sujeito-objeto se estabelece, tanto em relação aos homens entre si quanto na relação do homem com a natureza. As carências espirituais e materiais se conformam e, tão logo essas relações diádicas se fixam, um novo elemento externo se reconfigura para, por fora, as reestruturar mais uma vez. O revoluir da cultura se dá, portanto, por relações triádicas contraditórias que se dissolvem e são repostas permanentemente.

Desse ponto de vista, a história das sociedades tem sido a história da luta em torno da alienização, por um lado, e da despessoalização, por outro. A história não tem um motor, mas dois motores, um externo e um interno, que lhe dão impulso; e as tentativas de explicar as grandes transições históricas a partir de causas exclusivamente internas ou exclusivamente externas podem ser consideradas, por esse raciocínio, meras simplificações.

Das teses teóricas defendidas neste livro, pode-se tirar toda uma linha de ação política. Até porque uma das conclusões a que se chega é a de que não há, do ponto de vista biológico ou cultural, absolutamente nada que impeça a espécie humana de se conceber como um único grupo aberto à alteridade radical. Práticas desalienizantes, em todos os âmbitos da vida social, econômica, política, racial, sexual etc., são facilmente imagináveis, assim como as consequências históricas de seu sucesso: menos carências materiais e espirituais. Não é esse, contudo, o objetivo imediato desta obra. Seu objetivo é simplesmente apresentar à discussão novas bases teóricas da emancipação humana, sem as quais aquilo que se entende por horizonte utópico não vai ocupar a imaginação progressista.

DURANTE O PROCESSO DE ELABORAÇÃO deste livro, mergulhei numa bibliografia até então para mim pouco conhecida, recomendada, a princípio, pelo biólogo Carlos Navas e pelos antropólogos Rui Murrieta e Lilia Schwarcz. A partir daí, troquei alguns poucos e valiosos telefonemas com Eduardo Viveiros de Castro, Lucia Santaella, Carlos Fausto, Miguel Nicolelis, Sebastião Milani, Sandro Cabral e Carlos Melo, que me indicaram novas pistas. Por fim, o primeiro rascunho foi lido por Lilia Schwarcz, Sidarta Ribeiro, Vladimir Safatle, João Paulo Bachur, Gabriel Chalita, Gabriel Galípolo, Ricardo Musse e Frederico Haddad, os quais fizeram importantes e proveitosos apontamentos. Ivan Marsiglia colaborou na estruturação do texto de abertura. Ricardo Teperman e a equipe da editora Zahar/Companhia das Letras (Érico Melo, Baby Siqueira Abrão, Fábio Bonillo, Camila Saraiva e Ana Maria Barbosa), evidentemente, leram o texto e fizeram as relevantes observações finais de conteúdo e forma. Roberto Schwarz e Luiz Felipe de Alencastro são interlocutores de uma vida. Ana Estela, Frederico e Ana Carolina são a própria vida. A todos, meus agradecimentos.

1. Novas investidas da biologia

> Tratar os "povos" como se fossem "espécies" só é possível quando supomos que a evolução de cada povo dar-se-ia num ciclo fechado e característico, à maneira dos outros seres vivos.[1]
>
> Max Weber

A relação entre a biologia e as humanidades sempre foi controversa, desde os primórdios. A demarcação dos campos é, até hoje, objeto de disputas acaloradas. Entretanto, desde a moderna teoria sintética da evolução, que ganhou um impulso extraordinário a partir dos anos 1930, a profusão de publicações científicas que propõem novas abordagens tem sido notável. Esse movimento ganhou ainda mais tração com o advento da revolução biolinguística proposta por Noam Chomsky. Este livro se dispõe a enfrentar esse debate, percorrendo três trilhas que, ao final, se encontram. Embora as disciplinas da biologia, antropologia e linguística se entremeiem ao logo do trabalho, a ênfase de cada capítulo é diferente. Este primeiro expõe algumas "escolas" contemporâneas do pensamento biológico que se arrisca a pensar as sociedades humanas a partir das suas próprias premissas. A parceria entre biólogos e antropólogos tem sido frequente, mas subsistem na contestação a essa aproximação as acusações mútuas de antropomorfismos e biologismos indevidos. Trata-se de tema que inspira os maiores cuidados e que não é estranho àquele debate acerca do surrado tema do reducionismo que também se travou entre biólogos, de um lado, e físicos e químicos, de outro, como se notará a seguir.

No capítulo inaugural de *Animal Species and Evolution*, Ernst Mayr apresenta as linhas gerais da moderna teoria sintética da evolução e menciona as ameaças ao seu desenvolvimento. A fraqueza das teorias não darwinistas pré-síntese, segundo ele, repousava no fato de que todas as suas versões explicavam a evolução a partir de um único fator: o princípio do autoaperfeiçoamento interno (Lamarck); a indução da mudança genética pelo meio ambiente (Étienne Geoffroy); o catastrofismo (Georges Cuvier); a evolução por isolamento (Moritz Wagner); o mutacionismo (Hugo de Vries). A síntese evolucionária, por seu turno, inovou ao apresentar uma teoria da evolução baseada em dois fatores: a mutação e os efeitos seletivos do ambiente, ou, em outras palavras, a produção constante de *variação* e a *seleção* natural.

A teoria moderna não apenas superava as demais em poder explicativo como também afastava velhas concepções filosóficas equivocadas. De um lado, o *preformismo*, para o qual a evolução não produzia mudança efetiva, mas tão somente a maturação de potencialidades imanentes; de outro lado, o *pensamento tipológico*, para o qual a variabilidade observada era a mera sombra projetada de ideias subjacentes imutáveis que correspondiam àquilo que era de fato real e permanente. Essas ideias foram afastadas em definitivo pela síntese moderna.

Mayr sugere agora uma nova ameaça, o *reducionismo*, ou a expressão das leis da evolução nos termos das leis da física. Contra essa tendência, Mayr apresenta um argumento que é praticamente corolário da síntese moderna: "Como todo indivíduo é único, a reversibilidade evolucionária estrita é uma impossibilidade lógica". Não é difícil perceber que o reducionismo é um tipo de preformismo em sentido contrário. A impraticabilidade do reducionismo é, segundo ele, particularmente notável em um evento importante da evolução, a emergência de novas espécies, em que surgem "descontinuidades essencialmente irreversíveis com possibilidades inteiramente novas".

O debate sobre reducionismo torna-se ainda mais complexo quando a questão adentra uma outra dimensão. Argui-se em que medida as supostas leis da evolução cultural podem ser reduzidas ou expressas nos termos das leis da biologia. Apesar dos consideráveis esforços de zoólogos, especialmente primatólogos, em identificar "cultura" no reino animal não humano (uso de instrumentos, controle do fogo, linguagem de sinais, aprendizado técnico, senso moral, reconhecimento individual etc.), a unicidade da espécie humana tem sido quase sempre reafirmada, mas quase nunca da maneira adequada.

Segundo Mayr,

> o programa de informação genética "fechado" é progressivamente substituído no curso da evolução por um programa "aberto", um programa configurado de forma a possibilitar a incorporação de novas informações. Em outras palavras, o fenótipo* comportamental já não é determinado apenas geneticamente, sendo agora, em maior ou menor grau, resultado do aprendizado e da educação.[2]

A habilidade de transmitir componentes não genéticos da cultura, incluindo todo tipo de informação científica e tecnológica, tornou o homem, segundo Mayr, senhor do seu meio ambiente, um ser emancipado das suas condições naturais de existência. Isso permitiu inclusive que se levantasse a questão de se o homem continuaria ou não sujeito à seleção natural. Mayr, por exemplo, afirma que não há, de fato, evidência de alguma melhoria biológica significativa na espécie humana nos últimos 30 mil anos, mas, ao contrário, alerta para os sinais de provável degeneração genética como consequência da sociedade moderna.

Mayr, então, convoca os que estão convencidos de que um tipo de seleção natural adversa esteja operando no homem moderno, diminuindo a frequência no pool gênico* da espécie humana dos genes e combinações de genes mais desejáveis, a pensar contramedidas de estímulo, diante da inviabilidade de propostas autoritárias cientificamente viáveis, mas socialmente pouco palatáveis.

> Na sociedade atual, o indivíduo superior é punido pelo governo de inúmeras formas, por meio de impostos e outros expedientes, o que o desestimula a ter uma família maior. A título de exemplo, por que a isenção fiscal por filhos tem de ser uma quantia fixa em vez de uma porcentagem da renda auferida? Por que a mensalidade escolar tem de se basear, em grande parte, na habilidade do pai de pagar e não, inversamente, no desempenho do estudante?

O raciocínio obtuso, como se vê, revela dificuldades de transitar de uma dimensão para outra, da biológica para a cultural, e vice-versa, da dimensão cultural para a biológica, em um assunto tão trivial quanto a teoria da população, tema central que está na raiz do desenvolvimento da teoria da evolução. Aliás, a sugestão apresentada por Mayr, absurda para alguém da sua envergadura intelectual, nem pode ser caracterizada como malthusiana; trata-se, pura e simplesmente, de eugenismo à *la* Galton.

A relação entre Malthus e Darwin foi, por muito tempo, mal compreendida. A lacônica referência de Darwin à doutrina malthusiana do poder de crescimento geométrico dos seres orgânicos levou-o à conclusão de que nascem mais indivíduos de cada espécie do que podem sobreviver, favorecendo, por seleção natural, aqueles que tenham uma mínima vantagem adaptativa sobre os demais, dadas as complexas e cambiantes condições de vida.

Darwin percebe, como consequência, que a competição não se dava apenas entre espécies, mas entre indivíduos de uma mesma espécie, sem o que a seleção natural seria impossível. Malthus, entretanto, demonstra contrariedade quanto ao aprimoramento da espécie humana por métodos eugênicos, um fato trivial observado entre criadores de animais que praticavam e ainda praticam a seleção artificial e de fundamental importância para a conformação da teoria da evolução.

O sacerdote anglicano punha em dúvida que, "desde que o mundo começou, possa ser determinado claramente algum aperfeiçoamento orgânico qualquer na constituição do homem", embora não excluísse a possibilidade de um pequeno aperfeiçoamento, não quanto à inteligência, segundo ele, de transmissão hereditária duvidosa, mas talvez quanto à força física e à beleza. Contudo, o despropósito de condenar ao celibato indivíduos mal adaptados deixava aos seres humanos duas possibilidades.

Diante da hipótese de que a população cresce numa progressão geométrica, e os meios de subsistência, numa progressão aritmética, Malthus diz que, na falta de controle preventivo — casamentos tardios e prole menos numerosa — em toda escala social, impor-se-iam "obstáculos" ao crescimento populacional — guerra, peste e fome — que afetam mais diretamente as classes menos favorecidas da sociedade.

Leitor de Condorcet, Malthus opta por desconsiderar as observações desse autor sobre os efeitos do progresso do espírito humano sobre a dinâmica social, inclusive populacional. A evolução da cultura — ciência, arte, agricultura, indústria, política — altera de maneira progressiva as condições técnicas e morais que abrem à espécie humana perspectivas inteiramente novas e tornam contingentes as premissas da teoria populacional malthusiana. Seja como for, a ideia de oferecer estímulos fiscais para que uma pessoa superior — seja lá o que isso signifique — opte por criar uma família mais numerosa parece vítima de um raciocínio ainda mais raso do que aquele que leva à ideia de que a física e a química podem dispensar os avanços da biologia para explicar a vida.

Comportamentos que parecem contrariar os naturais impulsos biológicos — famílias ricas pouco numerosas, celibato etc. — estimularam os biólogos a recorrer a vários expedientes para explicá-los. Numa passagem curiosa de *O gene egoísta*,[3] por exemplo, Richard Dawkins recorre, para explicar o celibato voluntário, às leis que governam a evolução cultural, colocando em cena um novo personagem, o meme* egoísta (unidade de evolução cultural que pode autopropagar-se). Um gene egoísta (unidade de evolução biológica) associado ao celibato, diz Dawkins, estaria, por razões óbvias, fadado ao fracasso; mas um meme do celibato, alerta o autor, teria boas chances de sobreviver no pool mêmico como "componente secundário de um grande complexo de memes religiosos que se promovem mutuamente". Assim, o indivíduo, veículo de propagação de genes e memes, transforma-se num campo de batalha (e de cooperação autointeressada) em que o meme egoísta do celibato pode hipoteticamente vencer todos os genes egoístas daquele mesmo organismo. Obviamente, um possível meme do altruísmo verdadeiro teria repercussões teóricas que Dawkins reconheceu, mas não quis explorar: "somos os únicos na Terra com o poder de nos rebelar contra a tirania dos replicadores egoístas". A afirmação é manifestamente ilógica. Segundo o modelo de Dawkins, o meme do altruísmo é, por hipótese, tão egoísta quanto todos os genes e memes de um organismo. Servir de veículo a qualquer um deles não nos tornaria rebeldes. A afirmação, entretanto, é reveladora das questões e contradições a enfrentar.

Com o tempo, firma-se a ideia de que a evolução cultural não se confunde com a evolução biológica. Assim como os físicos e químicos podem contribuir com a elucidação dos mistérios da vida, sem pretender reduzi-la às moléculas, os biólogos podem apoiar a pesquisa sobre a evolução do homem sem reduzi-lo à genética. Contudo, embora o debate sobre reducionismo tenha ficado para trás, nem sempre o recurso a analogias e homologias tem sido adequado para mapear e enquadrar os problemas advindos dessa abordagem tridimensional (física, biológica e cultural).

São muitas as perguntas que brotam dessa perspectiva: 1) é possível falar em evolução cultural? em que medida?; 2) a evolução cultural pode ser explicada pelos mesmos dois fatores, variação e seleção, que determinam a evolução biológica?; 3) em que unidade a seleção, tanto natural quanto cultural, atua: gene (meme), indivíduo ou grupo?; 4) é possível traçar um paralelo entre evolução biológica e evolução cultural? se levarmos os argumentos de Dawkins mais longe, seria possível pensar em novas analogias, como as de genoma* cultural, espécies culturais, fluxo de memes entre diferentes espécies culturais etc.?; 5) como a evolução biológica e a evolução cultural se relacionam? coevolução, interdependência, relação dialética, relação sequencial (na mesma ou em outra dimensão)?[4]

O papel da sexualidade

Parece oportuno inquirir, preliminarmente, se a cultura está tão distante da biologia como a biologia está distante da física. Antropologia e biologia não raramente recorrem à linguística e à filosofia para responder a essa pergunta, bem como às demais questões levantadas acima, dela decorrentes, dadas as implicações de uma ou outra resposta.

Tomemos o exemplo da evolução do sexo. Uma das formas de abordar o assunto é explorar as vantagens da variedade decorrente da reprodução sexuada. Alguns especialistas têm enfatizado que o sexo constitui uma defesa contra agentes patogênicos. Como os germes se reproduzem muito mais rapidamente do que os organismos complexos, estão aptos a evoluir no período de vida do hospedeiro, driblando seu sistema imunológico, por mais eficaz que ele seja. Como o sexo implica a troca de metade dos genes de um indivíduo pelos genes de outro indivíduo da mesma espécie, a recombinação dá à prole uma vantagem inicial na corrida contra os germes.[5]

Cabe observar que nem toda reprodução sexuada é vantajosa. Todo organismo convive com mutações danosas que, quando se tornam dominantes numa população, são eliminadas por seleção natural. A maioria das mutações danosas, não obstante, é recessiva e só causa danos quando se acumula numa população, aumentando a probabilidade de dois portadores se acasalarem. Essa chance cresce de maneira significativa quando parentes próximos procriam, uma vez que compartilham genes, inclusive genes recessivos danosos ao extremo e eventualmente letais.

Segundo Maynard Smith, há duas formas de os animais reduzirem as chances de cruzamento com parentes próximos: por reconhecimento e recusa; e por dispersão da prole, antes da maturação sexual. Há mecanismos do primeiro tipo que atuam nas plantas com sementes, mas, nos animais multicelulares, a endogamia tem sido evitada quando se considera o segundo mecanismo.

Além disso, mais do que por similaridades fenotípicas, os animais tendem a tratar como pais aqueles que os criam, e como irmãos aqueles com quem são criados. Chama a atenção o relato de crianças educadas comunalmente em um kibutz em que, apesar da ausência de pressão social contra casamentos entre membros do grupo, não houve um único caso desse tipo em mais de 2,7 mil casamentos entre adultos da segunda geração daquela comunidade. A procura do ser humano por um parceiro parece direcionada a quem não lhe seja familiar quando criança.

É razoável, portanto, supor que, assim como outros primatas, também os seres humanos desenvolveram barreiras contra o incesto. Causa estranheza a Maynard Smith pensá-lo como um tabu, quando ele parece não ser nada mais do que uma adaptação biológica reforçada pelas diversas culturas. Por isso, segundo Maynard Smith, quando Lévi-Strauss (1968) afirma que o tabu do incesto é o traço característico que originou a cultura humana, em certo sentido essa afirmativa é tautológica e, em outro, é manifestamente falsa. Se a ênfase está nas conotações culturais da palavra "tabu", a afirmação é tautológica, já que não pode haver cultura sem cultura. Se a afirmação implica que os animais não apresentam comportamentos que evitam o incesto, então a afirmação é falsa.[6]

Cabe notar que a manifestação cultural dessa orientação biológica varia de sociedade para sociedade, nem sempre consistente com o grau de parentesco genético, e que os diversos padrões de comportamento não evoluem geneticamente como adaptações a cada uma delas, o que, entretanto, não autoriza subestimar a evidência de que nossos ancestrais evitavam se casar com parentes próximos antes mesmo de ter adquirido a capacidade de falar. Dessa forma, a reprodução sexuada seria, segundo Fisher, a única adaptação que evolui pela *seleção de grupo, por tratar-se de uma característica desvantajosa para o indivíduo, porém vantajosa para a sobrevivência da espécie*. Os mecanismos de prevenção da endogamia, inclusive, reforçariam o argumento.

Vinte anos depois, Maynard Smith voltou ao tema,[7] reafirmando que a seleção de grupo pode ser importante na manutenção do sexo nos organismos superiores. No entanto, ele fez duas observações que justificariam certa reserva: 1) a existência de grupos taxonômicos superiores totalmente partenogênicos (fêmeas que procriam sem precisar de machos que as fecundem); 2) a existência de espécies em que o mesmo indivíduo produz descendentes tanto de forma sexuada como assexuada.

Essas considerações reanimaram os partidários da sociobiologia.[8] Ao pretender estudar o comportamento social de uma perspectiva puramente biológica, eles retomaram o debate com base na pesquisa mais recente e recorreram ao próprio Darwin para repensar e atualizar suas bases teóricas. Numa passagem muito famosa de *The Descent of Man* (1871), Darwin observou:

> Não se deve esquecer que, embora um elevado padrão moral conceda pouca ou nenhuma vantagem a cada indivíduo e prole sobre outros homens da mesma tribo, um acréscimo no número de homens bem constituídos e um avanço nos padrões morais garantem certamente uma imensa vantagem a uma tribo em relação a outra. Uma tribo englobando muitos membros que, por possuírem em alto grau o espírito de patriotismo, fidelidade, obediência, coragem e simpatia, estivessem sempre dispostos a ajudar uns aos outros, e a sacrificar-se pelo bem comum, sagrar-se-ia vitoriosa sobre a maior parte das demais tribos, e isso seria seleção natural.[9]

Depreende-se da citação que o raciocínio subjacente flerta com o princípio da seleção de grupo. Embora Darwin não se refira, na primeira sentença, a um prejuízo individual em proveito do grupo, mas à "pouca ou nenhuma vantagem" da adoção de comportamento altruísta, na segunda ele fala explicitamente em sacrifício individual pelo bem comum. Vale reparar que "bem comum", no caso, é vencer outros grupos, ou seja, o comportamento altruísta não se explica pela seleção natural dentro de um único grupo, mas exige a seleção natural entre grupos. Segundo Edward O. Wilson e David S. Wilson, a máxima da última versão da sociobiologia poderia ser expressa da seguinte maneira: o indivíduo egoísta vence o indivíduo altruísta no interior do grupo, mas um grupo de indivíduos altruístas vence um grupo de indivíduos egoístas:

> Para que isso aconteça, uma vantagem em uma escala superior (entre grupos) precisa existir para neutralizar a desvantagem em uma escala inferior (no interior dos grupos). Em segundo lugar, uma unidade mais elevada (como uma colônia de insetos sociais) pode vir a adquirir as mesmas propriedades adaptativas que associamos a organismos individuais. Tais superorganismos* podem existir.[10]

Esse movimento traz um certo embaraço à sociobiologia. Lembremos que sua pretensão é explicar o comportamento social de um ponto de vista puramente biológico. Seria muito difícil demonstrar que a diferença comportamental entre duas tribos pudesse ser explicada de um ponto de vista estritamente genético. Uma das questões mais suscitadas no debate mais amplo sobre evolução é que os ritmos da evolução biológica e da cultural são distintos de modo absoluto.

Muito dificilmente uma divergência comportamental como a descrita por Darwin poderia ser fruto de uma alteração genética. Um tal determinismo genético soaria implausível e exagerado. A nova versão da sociobiologia tem que apelar, portanto, para relações genotípicas-fenotípicas mais complexas, em que modestas alterações genéticas entre grupos podem resultar em substanciais variações fenotípicas hereditárias entre eles. Só assim ela consegue manter-se fiel a seus fundamentos teóricos, mas ao custo bastante elevado de quase equiparar traços culturais a traços fenotípicos.

O pensamento biológico tratou de apresentar outras formas de lidar com o comportamento altruísta, contornando a hipótese da seleção de grupo. Uma delas, associada ao nome de William D. Hamilton, ganhou o nome de seleção de parentesco. A chamada Regra de Hamilton postula que:

$$r \times B > C$$

onde C é o custo reprodutivo para o indivíduo que executa o ato altruísta, B é o benefício reprodutivo adicional obtido pelo receptor do ato altruísta e r é a relação genética do receptor com o ator. Haldane simplificou o argumento por meio de uma frase bem-humorada: "Eu daria a vida para salvar dois irmãos ou oito primos". Como um irmão tem metade dos genes do outro e um primo, um oitavo, a Regra de Hamilton sugere que a troca imaginada por Haldane pode ser justa ou até vantajosa, do ponto de vista exclusivo dos genes. Por esse raciocínio, os organismos seriam altruístas apenas em relação a seus próprios genes, e não em relação ao grupo a que pertencem.

Outra alternativa à seleção de grupo foi sugerida por Robert Trivers: o altruísmo recíproco ou teoria dos jogos evolucionária. Trata-se de considerar o comportamento estratégico combinado dos participantes de um jogo que pode favorecer a cooperação. Nesse ambiente, o custo e benefício de cada opção não é fixo, mas dependente da escolha de ao menos outro jogador. No jogo do dilema do prisioneiro original, são oferecidas duas possibilidades a dois prisioneiros (número de jogadores N = 2): ficar calados ou confessar o crime de ambos.

Se um dos prisioneiros, confessando, testemunhar contra o outro e esse outro permanecer em silêncio, o que confessou sai livre enquanto o cúmplice silencioso cumpre dez anos de sentença. Se ambos ficarem em silêncio, a polícia só pode condená-los a seis meses de cadeia cada um. Se ambos traírem o comparsa, cada um leva cinco anos de cadeia. Como não se pode determinar a priori o comportamento dos jogadores, nada recomenda uma atitude cooperativa. Um prisioneiro só se calaria se tivesse a certeza de que o outro faria o mesmo, mas nesse caso conviria a ele confessar (trair) e vice-versa.

Dilemas como esse podem ser resolvidos pela prática de jogos iterativos, repetidos indefinidamente, com estratégias as mais diversas, o que aproxima as simulações de situações da vida real. Alguns modelos sugerem que o comportamento cooperativo pode emergir e se manter estável mesmo em cenários bastante competitivos. Isso daria lugar para o que Maynard Smith chama "estratégia evolutivamente estável", definida como aquela que, uma vez adotada pela maioria dos membros de uma população, não pode ser superada por uma estratégia alternativa, tornando-se imune à traição.

Nas duas formulações há o pressuposto de que a população total está dividida em grupos, segmentados por r (grau de parentesco) ou N (número de jogadores). Retomemos o exemplo de Darwin. Numa tribo, o grau de parentesco entre seus membros é presumivelmente maior do que o grau de parentesco de um de seus membros em relação aos membros da tribo vizinha.

Se não limitarmos o alcance de r, podemos aproximar a seleção de parentesco da seleção de grupo. O mesmo raciocínio pode ser aplicado à teoria evolucionária dos jogos quando N é ampliado para atingir a dimensão de um grupo. Essa aproximação teórica, entretanto, não favorece a teoria da seleção de grupo, uma vez que nesses modelos não há espaço para o altruísmo genuíno e desinteressado. O altruísmo, segundo as abordagens biológicas, acaba sendo sempre produto de um cálculo egoísta.

Voltemos ao tema da evolução do sexo, sem dúvida o melhor argumento a favor da seleção de grupo. Analisemo-lo à luz da teoria do gene egoísta. Dawkins reconhece o paradoxo: por que fêmeas que poderiam gerar filhas que fossem réplicas idênticas de si mesmas evoluíram e passaram a produzir óvulos que contêm apenas 50% dos seus genes e a depender de machos para sua reprodução? Dawkins propõe que o paradoxo se resolve se, em vez de subir um nível — do nível do indivíduo para o do grupo —, descermos um nível, para o do gene, a fim de identificar onde, segundo ele, a seleção natural de fato atua.

Para Dawkins, gene é idealmente o fragmento "indivisível" do cromossomo que reproduz cópias "exatas" de si mesmo pela "eternidade". Idealmente porque as palavras entre aspas devem ser relativizadas. Elas se justificam se compararmos o gene ao grupo, ao indivíduo ou ao cromossomo. A distinção do gene em relação a longevidade, fecundidade e fidelidade de cópia o qualifica como candidato a "unidade básica da seleção natural".

Abusando de antropomorfismos, Dawkins afirma que, no nível do gene, o altruísmo é necessariamente um mau negócio. Os genes competem diretamente com seus alelos* na conquista do mesmo locus no cromossomo das gerações futuras. O gene para olhos azuis é rival do gene para olhos castanhos. Em relação aos demais genes, entretanto — aqueles que não ocupam o mesmo locus no cromossomo —, o gene adota uma atitude cooperativa para garantir a sobrevivência do indivíduo em cujo organismo se encontra, ao menos até que esse indivíduo atinja a idade reprodutiva.

Disso decorre que até mesmo genes letais, desde que de ação tardia (pós-reprodução), podem sobreviver no pool gênico, sendo uma das possíveis explicações do envelhecimento natural desses seres efêmeros que são os organismos. O gene, assim, compete com seus alelos e coopera com os demais única e exclusivamente para garantir a sua sobrevivência e não a dos outros genes, do indivíduo ou da espécie.

Dawkins pensa ter encontrado, a partir dessa perspectiva, a chave para explicar a reprodução sexuada. Ao tratar o indivíduo como máquina de sobrevivência construída por uma confederação de genes, a "eficiência" do ponto de vista do indivíduo passa a ser irrelevante. A sexualidade começa a ser encarada como atributo de um único gene, assim como a cor dos olhos. "Um gene 'para' a sexualidade manipula todos os outros genes para seus próprios objetivos egoístas."[11] Dessa forma, se a reprodução sexuada beneficiar o gene responsável pela característica dessa reprodução, isso constitui, segundo Dawkins, explicação suficiente para a existência da reprodução sexuada.

Essa explicação é manifestamente tautológica, pois, se a seleção natural atua no nível do gene, ela se manifesta no nível do indivíduo. É ele que vive ou morre. A reprodução sexuada traz inequívocos benefícios para o indivíduo num ambiente de mudanças rápidas, em particular quando o desafio provém de agentes patogênicos em evolução acelerada, como vimos acima. Não sendo iguais, há mais chances de que um dos descendentes produzidos de forma sexuada tenha, mesmo no curto prazo, condições de sobreviver em caso de competição intensa. Além disso, indivíduos produzidos de forma sexuada podem ter uma carga menor de mutações deletérias. Supondo uma população finita sujeita a mutações contínuas ligeiramente deletérias, na ausência de indivíduos sem mutações deletérias, não seria possível produzir estes últimos sem reprodução sexuada.

Tudo concorre, portanto, para que uma população sexuada evolua de modo mais rápido para se adaptar a um ambiente em mudança. E se considerarmos que

> o "ambiente" de cada espécie consiste nas outras espécies de competidores, predadores e parasitas. Uma modificação numa espécie qualquer é sentida pelas outras espécies como uma alteração no seu ambiente, levando-as a modificarem-se também, e assim por diante.[12]

O sexo, como se vê, altera completamente a dinâmica da evolução. Analogias antropomórficas em biologia, como se pode constatar na utilização do binômio egoísmo/altruísmo, envolve riscos tão elevados quanto, como veremos, o de biologizar a antropologia.

Evoluir e revoluir

Questões intrincadas assemelhadas a essas levaram Haldane a invocar a dialética hegeliana, tal como recepcionada por Engels, para superar certas dificuldades.[13] A dinâmica da evolução enseja mudanças revolucionárias que o sistema hegeliano de tese, antítese e síntese poderia esclarecer. Ele não se refere apenas ao que Maynard Smith chama de "grandes transições na evolução", como a origem da vida, do sexo ou da linguagem humana, mas da mecânica evolutiva mais banal.

Haldane, contudo, foi alertado pelo economista Abba Lerner de que o expediente era indevido,[14] pois não haveria, na natureza, *contradição* no sentido hegeliano que aquela tríade exige. Tomando como exemplo as formulações de Haldane, Lerner afirma que, na tríade "hereditariedade> mutação> variação", por exemplo, a antítese (mutação) simplesmente expressa a síntese (variação) em outros termos, enquanto na tríade variação> seleção> evolução, a tese (variação) e a antítese (seleção) não se contradizem, antes se combinam para produzir a síntese (evolução). Note-se que a teoria do equilíbrio pontuado, de Jay Gould e Eldredge, que se afasta da ideia de evolução gradual e contínua e considera a evolução por saltos, tampouco escapa da crítica feita a Haldane.

Mais tarde, desatentos aos alertas de Abba Lerner — e ao livro quase definitivo de Alfred Schmidt, que trata de maneira extensiva do conceito de natureza em Marx —, outros biólogos, como Richard Lewontin e Richard Levins, por exemplo, tentaram recuperar a ideia de uma dialética da natureza, desta vez em referência à interação metabólica do organismo e seu meio ambiente, que, como veremos, nada tem de dialética, nem é exclusiva da espécie humana, mas que inspirou o ecossocialismo de John Bellamy Foster e colegas, e a teoria da construção de nicho, logo mais apresentada.

Isso não significa que as simplificações propostas por Dawkins sejam aceitáveis; ao contrário. E é na dimensão da cultura que elas se nos apresentam ainda mais problemáticas. Dawkins se diz um adepto tão entusiasmado do darwinismo que não quer vê-lo restrito à dimensão biológica, e pergunta se os princípios da biologia teriam, como as leis da física, validade universal semelhante. O que torna a espécie humana única é a cultura, e a linguagem, base da cultura, parece "evoluir" por meios não genéticos. Dawkins se mostra convencido de que a transmissão cultural é análoga à transmissão genética. A principal propriedade dos genes é a de serem replicadores. E o caldo da cultura deu origem a um novo tipo de replicador: o meme.

Tal como o gene se propaga no pool gênico de um corpo para outro pela reprodução, sexuada ou não, os memes se propagam de um cérebro para outro por meio da comunicação. A seleção biológica produziu o cérebro humano, que fornece o caldo de cultura de onde surgiram os memes. Isso teria dado lugar a um novo tipo de evolução, que, segundo Dawkins, é muito mais veloz e não se submete necessariamente à evolução biológica, embora respeite a mesma dinâmica da replicação.

Dawkins reconhece as dificuldades da analogia, que lhe impõe certas reservas. Em primeiro lugar, os memes não são replicadores de alta fidelidade como os genes. A transmissão cultural não é uma operação físico-química e está sujeita a um sem-número de ruídos de compreensão, interpretação, tradução etc. Em segundo lugar, para os memes não há, necessariamente, o equivalente a alelos rivais. Surge, então, a dúvida sobre se podemos atribuir-lhes a pecha de egoístas. Dawkins responde de maneira positiva, com o argumento de que um meme, ao ocupar a memória finita de um cérebro, tem que fazê-lo à custa de memes rivais.

Entretanto, curiosamente, Dawkins não leva a analogia às últimas consequências. Ao tratar dos corpos multicelulares, por exemplo, ele reconhece que, embora sejam colônias de genes egoístas, eles se comportam como um todo coerente, como uma unidade que possui uma coordenação central, em detrimento da anarquia, a tal ponto que a natureza comunal dos genes em cooperação recíproca dentro de um organismo se torna reconhecível. Dawkins não questiona, entretanto, sobre quais seriam os análogos do organismo e da espécie no universo memético.

Não seria o caso de especular sobre os conceitos de *personalidade* e *cultura* à luz desse exercício? Tanto quanto o corpo, a mente de uma pessoa não deveria ser vista como uma unidade coerente do ponto de vista memético? Tanto quanto uma espécie, o pool mêmico não deveria ser encarado como uma cultura particular? Seria possível pensar num "genoma" para cada cultura? Seria a cultura um superorganismo? Dawkins não explora essas questões e a memética acaba num beco sem saída, que nem remotamente a habilita a enfrentar os problemas lógicos propostos há tempos pela filosofia analítica, parte dos quais será apresentada mais à frente.

Não obstante, a memética tem uma vantagem sobre a sociobiologia. Ela reconhece que a evolução cultural é irredutível à evolução biológica. Valendo-se do seu conceito de fenótipo estendido, Dawkins poderia ter caído numa armadilha e seguido outro caminho. De modo convencional, os efeitos fenotípicos de um gene eram aqueles produzidos exclusivamente no organismo em que se encontram. Dawkins alargou esse conceito. Os efeitos fenotípicos passaram a ser vistos como aqueles que os genes provocam não apenas no organismo onde se encontram, mas também no mundo em que o organismo habita. Na linha da sociobiologia, a cultura poderia ser vista como um desdobramento dessa visão. Felizmente, não é o que Dawkins faz. Ele, inclusive, sugere que

> não é preciso procurar capacidades convencionais de sobrevivência biológica em aspectos como a religião, a música ou as dan-

> ças rituais, embora isso possa verificar-se. Uma vez que os genes tenham dotado as suas máquinas de sobrevivência de cérebros aptos para a imitação rápida, os memes assumirão automaticamente o comando.[15]

Isso contraria, frontalmente, o que defende, por exemplo, o sociobiólogo Edward O. Wilson no seu livro *On Human Nature*, onde se lê: "Pode a evolução cultural de valores éticos superiores desenvolver uma direção e um dinamismo próprios, substituindo completamente a evolução genética? Penso que não. Os genes mantêm a cultura na coleira".[16]

De maneira esquemática, portanto, se para a sociobiologia os genes jamais perdem o comando, para Dawkins são os princípios da biologia, e não propriamente os genes, que imperam em outras dimensões — no caso da cultura, a partir de novos replicadores, os memes. Contudo, cabem duas observações: no caso dos memes, as características *adquiridas* podem ser transmitidas de uma geração à outra — o que não acontece na transmissão biológica —, dando à herança cultural uma feição lamarckiana; e é possível rebelar-se contra a herança genética em nome, por exemplo, da religião ou do nacionalismo. Embora Dawkins não explique, a partir da memética, o que ele entende por religião e nação, a simples concessão feita à autonomia relativa da cultura será fundamental para o desenvolvimento das premissas defendidas neste estudo.

Diferente do que defende Dawkins, contudo por razões que serão elucidadas mais adiante, a fórmula variação/seleção, tão apropriada para descrever a dinâmica da evolução biológica, não se aplica à cultura. A rigor, teremos que encontrar um outro conceito que não o de *evolução* para nos referir à dinâmica cultural. A hipótese que me esforçarei por demonstrar é a de que a cultura não evolui, antes *revolui*. Valho-me de um neologismo para deixar claro, de antemão, que a "evolução" cultural não respeita a mesma lógica da evolução biológica.

Não é possível biologizar a dinâmica cultural. Os fatores variação/seleção, tão pertinentes para descrever a evolução biológica tal como expressa na síntese moderna, são impróprios para explicar a dinâmica cultural. O verbo "revoluir" pretende transmitir a ideia de que a mudança cultural envolve um processo triádico contraditório, que descreveremos mais à frente e que não se verifica na dimensão biológica.

RETOMEMOS O DEBATE SOBRE REDUCIONISMO: quando se diz que as leis da biologia não são redutíveis às leis da física, ou que a cultura não pode ser deduzida da genética, o que, de fato, se quer dizer? Notamos que Dawkins define o organismo como uma colônia de genes egoístas. Apesar disso, ele reconheceu que, pela cooperação interessada dos genes entre si, o organismo comporta-se como uma unidade tão coerente e integrada que sua própria definição de veículo altruísta de genes egoístas chega a soar inverossímil.

Em nenhum processo essa cooperação é tão evidente quanto na homeostase, em que o equilíbrio interno das diversas funções e composições químicas do organismo é mantido. Nas palavras de Norbert Wiener, "nossa economia interna deve conter um conjunto de termostatos, controles automáticos de concentração de íons de hidrogênio, reguladores e coisa parecida, que se adequaria a uma grande indústria química".[17] Pequenas variações da temperatura do corpo, da concentração tóxica oriunda de parte dos produtos ingeridos não aproveitados, da pressão osmótica* do sangue, do nível de leucócitos etc. podem significar a morte do organismo. Esses controles fisiológicos são biocibernéticos,* ou seja, operam por cadeias de feedbacks.

Jacques Monod demonstrou que esses controles cibernéticos atuam no organismo em nível microscópico. Sabia-se que o sistema nervoso e o sistema endócrino garantiam a coordenação entre órgãos ou entre tecidos, isto é, entre células. Descobriu-se, então, que "no interior de cada célula, uma rede cibernética quase tão complexa (ou mais ainda) garante a coerência funcional da maquinaria química intracelular".[18]

Dentre as proteínas reguladoras, destacam-se as enzimas chamadas alostéricas,* que se distinguem das demais porque, além da função catalisadora* clássica, têm a propriedade de reconhecer de maneira eletiva, por associação estereoespecífica,* compostos que aumentam ou diminuem sua atividade em relação ao substrato, sem com ele manter relação quimicamente necessária de estrutura ou de reatividade, conservando o estado homeostático do metabolismo intracelular de forma eficaz e coerente. Diz Monod:

> Fisiologicamente útil, racional, esta relação é quimicamente arbitrária. Nós a diremos "gratuita". O princípio operatório das interações alostéricas autoriza, portanto, uma total liberdade na "escolha" das submissões que, escapando de toda pressão química, poderão obedecer muito melhor apenas às pressões fisiológicas, em virtude das quais elas serão selecionadas conforme o acréscimo de coerência e de eficácia que conferem à célula e ao organismo. Em definitivo, foi a própria gratuidade destes sistemas que, abrindo para a evolução molecular um campo

> praticamente infinito de exploração e experiência, permitiu-lhe construir a imensa rede de interconexões cibernéticas que fazem de um organismo uma unidade funcional autônoma, cujas performances parecem transcender as leis da química, para não dizer que delas escapam.[19]

É como se o organismo, ainda que observando as leis da física e da química, encontrasse uma forma de transcendê-las em proveito de sua conservação. O funcionamento do organismo — sua fisiologia, portanto — "comanda" o processo de reações químicas que efetivamente vão acontecer em proveito de sua estabilidade.

Se todo organismo, sem exceção, é apenas o resultado da combinação de não mais do que vinte aminoácidos e quatro tipos de nucleotídeos, é a gratuidade dos seus sistemas cibernéticos que lhe garante transcendência em relação à matéria inerte e lhe permite ganhar vida própria e coerência interna, como máquina que constrói a si mesma e se reproduz, ou, ainda, como um sistema *teleonômico*⋆ dotado de um plano nele inscrito desde o princípio.

Monod extrapola o raciocínio para o universo da cultura e, de certa forma, prefigura os contornos da teoria do meme. Fala da tentação de um biólogo em comparar a evolução biológica à evolução cultural. Se o organismo transcende as leis da física, observando as propriedades dos átomos e moléculas, as ideias, para Monod, transcenderiam a biosfera, conservando algumas das propriedades do organismo. Tanto quanto os organismos, as ideias também evoluem, por vários mecanismos de recombinação, fusão, transmissão etc., e a seleção, também aqui, desempenha um grande papel no processo.

Como veremos, os biólogos ficam prisioneiros desse tipo de analogia e, tendo sido mais convincentes em explicar a transcendência da biologia em relação à física, não têm o mesmo êxito em esclarecer o que mudou na passagem da biologia para a cultura. Na verdade, antropólogos e sociólogos, mesmo os que reconhecem a especificidade da dimensão cultural, adotam posições muito aderentes às sugestões de Monod.

Aliás, há uma dificuldade correlata dos físicos em relação à biologia e vice-versa. Monod deve muito da sua abordagem não só à cibernética como também à mecânica quântica, e o debate que travou com o físico Walter Elsasser foi essencial ao amadurecimento das suas formulações.[20] Entretanto, é na própria biologia que ele encontra as propriedades específicas do organismo e fica tentado a extrapolá-las para a cultura.

O neurofisiologista John Eccles também recorreu à física quântica para tentar apresentar uma hipótese ousada sobre a interação mente-cérebro. Desde Herbert Feigl, o dualismo mente-cérebro vinha sendo preterido a favor da tese de que, de alguma forma, os eventos mentais são idênticos a alguma classe especial de eventos neurais. Contudo, num ensaio de 1986,[21] Eccles evoca o trabalho de Henry Margenau para aprimorar a abordagem que ele próprio e Karl Popper haviam sugerido para elucidar a questão.[22]

Para Margenau, "a mente pode ser vista como um campo, na acepção física tradicional do termo. Mas é um campo imaterial; seu análogo mais próximo é talvez um campo de probabilidades".[23] É nesse campo que, segundo Eccles, os eventos mentais agem, modificando as probabilidades de maneira análoga aos mecanismos quânticos, como se a mente fizesse o papel do observador do experimento de Schrödinger.*

Na extremidade dos nervos, onde os sinais elétricos são transmitidos entre uma célula nervosa e outra, há uma grade de vesículas* organizadas na face interna do axônio, cada uma contendo diferentes conjuntos de neurotransmissores, sendo que, quando um sinal é transmitido, apenas alguns subconjuntos de vesículas liberam seu conteúdo particular. Margenau assegura que, "em sistemas físicos muito complexos, como o cérebro, os neurônios e os órgãos dos sentidos, cujos componentes são pequenos a ponto de ser governados por leis quânticas probabilísticas, o órgão físico está sempre preparado para uma massa de mudanças possíveis, cada uma delas com uma probabilidade definida". É nesse contexto que a mente funcionaria como o observador de um experimento quântico que afeta, pela mera alteração das probabilidades da emissão vesicular, o estado dessas emissões dentro do cérebro e, por seu intermédio, a maquinaria física do corpo, oferecendo respostas que não estão pré-codificadas nos genes.

Percebe-se que, embora muito tenha sido escrito desde Eccles e Monod, as mais recentes teorias da consciência e da vida, há tempos, não implicam o dualismo, nem o vitalismo, pelo contrário. As passagens da física para a biologia e desta para a cultura são movimentos transcendentes ou emergentes em que uma dimensão mais complexa não nega a anterior, apesar do caráter disruptivo da origem da vida tanto quanto do aparecimento da linguagem humana. Estas *passagens de uma dimensão a outra*, inclusive, não se confundem com as *transições dentro da mesma dimensão*, na acepção que Maynard Smith deu à expressão no campo da biologia, outra fonte recorrente de mal-entendidos.

A transição de indivíduos solitários para colônias (abelhas, formigas, cupins), para citar outro exemplo (como a origem do sexo) assinalado por Maynard Smith, ocorre dentro da dimensão biológica e não se confunde com a passagem da biologia para a cultura — que, nos termos deste autor, é apontada como mera transição das sociedades de primatas para sociedades humanas caracterizadas pela linguagem. Apesar das especificidades apontadas pelo próprio autor, mais do que transição, essa passagem deve ser caracterizada, de modo preferencial, como uma verdadeira mudança de dimensão. A linguagem é resultado da evolução, mas produz uma outra natureza que, parafraseando Monod, *transcende as leis da biologia, para não dizer que delas escapa*. Minha avaliação, que ficará clara ao final deste livro, é de que as *três naturezas* — física, biológica e cultural — (ou duas, se quisermos reunir sob o conceito de primeira natureza tanto o inorgânico quanto o orgânico não humano, e, como muitos sociólogos, chamarmos "segunda natureza" o universo da cultura) distinguem-se uma da outra, como sugere François Jacob, pela relação de cada dimensão com a temporalidade. Encontra-se na relação da cultura com o *vetor tempo*, assim espero demonstrar, a chave para entender por que as culturas revoluem numa dinâmica projetiva envolta em contradição. Não vou me antecipar, contudo.

A vida da cultura

Cabe retomar algumas contribuições mais recentes da biologia para o entendimento da cultura porque, ainda que pouco promissoras, abordaram certos aspectos do problema para além da sociobiologia e da memética que vão merecer alguma consideração mais adiante. Começo pela abordagem de Peter J. Richerson e Robert Boyd, em *Not by Genes Alone*. Para esses autores, a cultura, essencial para entender o comportamento humano, é *parte da biologia*, embora "a mudança cultural não possa ser entendida em termos da psicologia inata".

Como a cultura afeta o sucesso e a sobrevivência de indivíduos e grupos, as variantes culturais se espalham da mesma forma que as variantes genéticas, com a vantagem de que a evolução cultural produz adaptações exóticas a ambientes cambiantes de maneira muito mais rápida do que aquela produzida pela evolução biológica. O ambiente, por sua vez, moldado pela evolução cultural, acaba por afetar quais genes serão favorecidos pela seleção natural. "A cultura moldou nossa psicologia inata tanto quanto foi moldada por ela." A cultura, assim, deve ser vista como causa do comportamento humano, desde que não se perca de vista sua conexão com a biologia.

Ao definir cultura como a informação capaz de afetar o comportamento humano, adquirida por alguma forma de transmissão social, Richerson e Boyd adotam o pensamento populacional para explicar a dinâmica da evolução cultural. Dessa maneira, dispensam a hipótese de que a informação cultural precise assumir a forma de um meme discreto e fielmente replicado como os genes. Isso não significa, para eles, que a evolução cultural não possa ser pensada em termos darwinistas, nem que a cultura seja um fenômeno desconectado da biologia, como pretendem alguns antropólogos. Os autores rejeitam a visão de que "a natureza humana se desenvolveu *primeiro* pela evolução genética; *depois*, a cultura emergiu como um subproduto evolucionário",[24] como se a natureza humana fornecesse apenas uma lousa em branco sobre a qual a cultura seria escrita.

As ideias que os humanos adotam, segundo Richerson e Boyd, além do processo de seleção a que estão sujeitas, próprio da evolução cultural, também dependem de predisposições inatas e restrições orgânicas que as tornam mais ou menos atraentes. "Indivíduos com psicologias diferentes vão adquirir crenças e valores diferentes, que levarão a resultados adaptativos diferentes." Interagimos com o meio ambiente e uns com os outros o tempo todo. "Assim, a cultura não é nem natureza nem aprendizado (*neither nature nor nurture*), mas um pouco dos dois." Numa dinâmica coevolucionária, os elementos genéticos da nossa psicologia dão forma à cultura, assim como a variação cultural molda o meio ambiente em que nossa psicologia evolui.

O interesse que essa perspectiva desperta vem do fato de que a abordagem populacional da cultura permite recolocar o tema da seleção de grupo em novos moldes. Não se trata mais de, nos termos da sociobiologia, pensar o grupo como uma grande família, em que o parentesco "médio" é maior do que aquele entre grupos. Até mesmo a escala das sociedades modernas não recomendaria essa perspectiva. Trata-se de reconhecer a especificidade da cultura e sua dinâmica própria. Ao contrário de Dawkins, que admite maior autonomia da evolução cultural, Richerson e Boyd adotam uma postura de interdependência gene-cultura, em que a cultura é impactada por *instintos superpostos* de parentesco (biológicos) e de grupo (tribais) e os afeta diretamente.

Os autores criticam a psicologia evolutiva e a antropologia cognitiva que dão ênfase ao processo de diferenciação cultural como resultante de informação geneticamente transmitida, evocada por sugestão ambiental. Para estas escolas de pensamento, a cultura não seria aprendida: a evolução natural teria favorecido a seleção de módulos cognitivos que, tendo mapeado ambientes particulares, oferecem um cardápio de comportamentos culturais adaptativos, da mesma forma que uma criança está apta a falar qualquer língua, independentemente da sua origem. Richerson e Boyd pensam de modo diferente: a adaptação cultural cumulativa não pode ser baseada em informação geneticamente codificada e, embora se possa pensar numa "gramática universal" inata, correspondente à capacidade de linguagem, as línguas utilizadas pelos grupos humanos são ensinadas, ou seja, são culturalmente transmitidas.

Diante desse arrazoado, duas questões emergem: como um grupo mantém sua coerência cultural? Como os grupos se mantêm culturalmente diferenciados entre si? Partindo de um modelo simplista de transmissão cultural, Richerson e Boyd consideram que os indivíduos de uma sociedade têm um viés conformista. Os autores entendem que há duas forças de tomada de decisão quanto à evolução cultural: a variação guiada e a transmissão viesada.

No primeiro caso, as crenças de uma geração são vinculadas à próxima geração, de modo a permitir que o aprendizado leve a uma mudança cumulativa, em um processo orientado para o aumento da adaptação. No segundo caso, mais próximo da seleção natural, a transmissão viesada resulta da comparação de duas variantes culturais já presentes na população, em um processo de seleção no qual os indivíduos tendem a escolher o padrão social mais frequente ou o mais prestigiado. Em ambos os casos, sem que haja uma mudança mais acentuada do ambiente que exija novas respostas adaptativas, a tendência conformista será a mais indicada e, desse modo, será favorecida pela seleção natural. A cultura pode, assim, ser vista como um fenômeno *superorgânico*, como querem alguns antropólogos,[25] mas sem desprezar suas interconexões com aspectos biológicos do nosso comportamento e da nossa anatomia.

Como, para os autores, a cultura não pressupõe a linguagem humana, mas apenas alguma capacidade de aprendizado — opção bastante discutível de um conjunto de biólogos e antropólogos, como se verá —, eles sugerem a hipótese de que as drásticas variações climáticas do Pleistoceno pode ter favorecido a adaptação cultural cumulativa. O período de deterioração climática é coetâneo com o aumento do tamanho do cérebro de várias linhagens de mamíferos e esta mudança estaria relacionada com uma flexibilidade comportamental maior, inclusive um período juvenil mais prolongado de aprendizado.

Em virtude dessa concepção de cultura, poderia parecer paradoxal que drásticas mudanças culturais tenham ocorrido no Holoceno, justamente um período mais recente de queda dramática da variação climática. Entretanto, se considerarmos a construção consciente de uma segunda natureza por meio da linguagem simbólica, própria dos seres humanos, como um evento que muda o ambiente de maneira mais dramática que uma mudança climática, teremos bons argumentos para explicar a evolução cultural ainda mais acelerada daquele período. Como sustentam Richerson e Boyd:

> Por mais indomável que tenha sido, subsequentemente, o desenvolvimento da evolução cultural, ela emergiu da seleção natural, que operava para engendrar uma complexa adaptação em resposta a desafios adaptativos específicos. *A cultura é um sistema atípico de flexibilidade fenotípica unicamente porque tem propriedades no nível populacional.* Mas mesmo nesse ponto ela tem inúmeros análogos na história da evolução, como, por exemplo, os mutua-

> lismos coevolutivos [...]. Deixaremos os leitores decidirem até que ponto a coevolução gene-cultura humana alcança um status na história da evolução semelhante ao surgimento da célula eucariótica. (Grifo meu)

Nesse movimento de mediação com a sociobiologia, os autores afastam-se da concepção de Dawkins de que os memes têm a faculdade de se rebelar contra os genes, e adotam a abordagem de que as desadaptações não só são coerentes com a teoria da evolução desde Darwin, como são explicáveis a partir de um processo competitivo coevolucionário no qual a lenta evolução genética não pode vencer a rápida evolução cultural. A cultura, ela própria fruto da evolução, permite uma mais veloz e menos custosa forma de adaptação do que os genes. Ela se torna ainda mais eficaz se a transmissão de informação não ocorre apenas de pais para filhos, como na transmissão genética, mas envolve toda informação disponível no ambiente social — o que, se de um lado amplia a amostragem da qual se extrai informação útil, de outro aumenta as chances de desadaptação. As variantes culturais (ou memes) não são rebeldes; na verdade, a rapidez evolutiva abre espaço para a trapaça.

A seleção de grupo é, segundo os autores, uma dessas trapaças da cultura em relação à biologia. A cultura humana permite rápidas e complexas adaptações a ambientes variáveis. Isso faz crescer a variação cultural herdável entre grupos humanos e a persistência da diferença entre eles, favorecida pelo conformismo cultural dentro de cada grupo. A evolução cultural, por seu turno, favorece a psicologia inata adequada a cada ambiente, o que também reforça a distinção entre os grupos humanos, a ponto de certas etnias se valerem do mesmo tipo de taxonomia para classificar outros grupos étnicos e animais e plantas, como se outros grupos étnicos fossem de outra "espécie".[26]

Como resultado, além da seleção de parentesco geneticamente determinada, surgem, como decorrência da coevolução gene-cultura, "instintos tribais" que nos impelem a cooperar com um grupo muito maior de pessoas culturalmente distinguíveis, mas não geneticamente aparentadas. E quanto maior for o benefício da cooperação, mais os laços simbólicos serão reforçados por outros expedientes, como a moral punitivista e as instituições coercitivas na direção de agregados ainda maiores e mais complexos que, pelos efeitos sociais que acarretam (hierarquia e desigualdade), exigem fontes sofisticadas de legitimação.

O processo termina por favorecer a psicologia inata que "tem a expectativa" de que, de um lado, a vida social seja estruturada por normas e que, de outro, o mundo social esteja dividido em grupos culturalmente diferentes. Em consequência, as inovações morais e institucionais que viabilizam sociedades de larga escala, mas que mantêm a "gramática social" de uma comunidade tribal, tendem a se espalhar.

Note-se que, embora os resultados dessa abordagem se aproximem daqueles da sociobiologia, a seleção de grupo, neste caso, é uma desadaptação que se justifica do ponto de vista evolutivo pela maior velocidade de respostas a ambientes cambiantes. As variantes culturais egoístas, análogas pobres dos genes, tendem a se espalhar como replicadoras, mesmo à custa da aptidão genética. Num artigo famoso, Dobzhansky[27] afirmou que "nada na biologia faz sentido, exceto à luz da evolução". Para os autores, o mesmo valeria para a cultura: "Nada na cultura faz sentido, exceto à luz da evolução".

Quanto ao "estatuto" da cultura, da perspectiva de Richerson e Boyd, ganha e perde poder: ganha (na comparação com a sociobiologia) porque a cultura, ao transformar o ambiente, altera as condições em que a psicologia evolui; perde (na comparação com a memética) porque a cultura continua na coleira dos genes. "*Sim, a cultura está na coleira*, mas o cachorro é grande, esperto e independente. Na hora do passeio, é difícil dizer quem guia quem" (grifo meu).

TANTO QUANTO DAWKINS, Richerson e Boyd entendem que a cultura evolui, uma premissa que este estudo pretende refutar. Mas numa direção diferente daquele, estes autores sugerem, ao gosto da psicologia evolutiva, que os seres humanos adquiriram, no curso da sua evolução biológica, alguns instintos próprios da espécie, como os instintos tribais, ausentes da perspectiva memética. Religião e nação são, para Dawkins, obras culturais de memes, não de genes, o que nos parece bem interessante destacar, como veremos.

Contudo, acredito eu, Dawkins não levou seu raciocínio às últimas consequências. De um ponto de vista memético, se um grupo adota as mesmas variantes culturais, seus membros poderiam ser vistos como "parentes culturais" cujos cérebros funcionam como veículos da cultura, por meio dos quais as variantes culturais ou os memes se replicam. Indo ainda mais longe nessa mesma direção, as diferentes culturas poderiam ser vistas como o equivalente a diferentes espécies culturais compostas de indivíduos (pessoas) com um memeplex* (personalidade) próprio.

Essa linha de raciocínio poderia servir de inspiração para recuperar algumas analogias com vertentes do pensamento antropológico e sociológico. Entretanto, se Dawkins seguisse essa linha de raciocínio, perceberia que seu modelo replicador/veículo dificilmente se aplicaria ao caso dos memes. Os genes de um mesmo organismo cooperam entre si porque partilham a mesma via de saída para o futuro, o gameta. Não há equivalente ao gameta em relação ao cérebro. O cérebro, além disso, não nasce com um memeplex (complexo de memes de um mesmo indivíduo) pronto. O processo de seleção das variantes culturais que compõem a personalidade de um indivíduo ocorre ao longo da vida, em um processo de socialização e individuação sobre o qual o darwinismo tem pouco a dizer.

Vale mencionar, de passagem, uma teoria que pretende complementar a abordagem coevolucionária a partir da ideia de construção de nicho e seu impacto sobre evolução biológica e mudança cultural. Essa perspectiva é tributária do já mencionado conceito de fenótipo estendido de Dawkins. Para ele, como vimos, os genes podem expressar-se fenotipicamente fora do veículo que os transportam, isto é, podem se estender para o mundo.

Laland et al.[28] pegam carona nessa ideia e a alargam: "Construção de nicho refere-se às atividades, escolhas e processos metabólicos pelos quais os organismos definem, escolhem, modificam e, em parte, criam seus próprios nichos". Se um organismo altera o seu meio ambiente continuamente na mesma direção e essa mudança é reforçada pelas gerações seguintes, isso pode dar lugar a nova fonte de seleção, de modo que novas gerações herdam não apenas os genes dos seus antepassados como também um legado ecológico, em um processo de retroalimentação no qual a adaptação não é mera resposta a problemas ambientalmente impostos, mas uma via de mão dupla.

Além disso, como um organismo altera não só o seu, mas o meio ambiente de outras espécies, a construção de nicho pode desencadear eventos evolucionários que realinham vários ecossistemas ao longo do tempo. A visão coevolucionária gene-cultura, segundo os autores, é insuficiente justamente por não perceber que o modelo só fica completo se, em situações mais complexas, agregar a construção de nicho.

O altruísmo recíproco, desse ponto de vista, poderia inclusive ter um alcance mais amplo, entre espécies e intergeracional, ganhando uma dimensão ecológica. É interessante notar que, adotando uma perspectiva ecológica, o binômio egoísmo/altruísmo, na prática, simplesmente se dissolve e perde todo referencial empírico, como, aliás, eu já havia sugerido.

Para essa escola de pensamento, ainda que os humanos não sejam os únicos seres vivos capazes de transformar o ambiente à sua volta, com impactos sobre a evolução, eles o fazem preferencialmente pela via da cultura: "A cultura agora se torna apenas a forma mais prevalente pela qual nós, humanos, fazemos a mesma coisa que a maioria das outras espécies fazem".

Em *Evolution in Four Dimensions*, Eva Jablonka e Marion J. Lamb[29] defendem que essa abordagem é particularmente relevante para animais que herdam dos antepassados um nicho na forma de artefatos e traços culturais, como os seres humanos. Se, nesse contexto, ocorrer, por exemplo, uma mudança cultural que seja persistente e estável, ela pode retroalimentar o processo evolutivo com alterações genéticas consistentes; caso contrário, se a mudança cultural for descontínua ou instável, não há, evidentemente, como a evolução genética acompanhá-la. As autoras reconhecem que não há muitos exemplos de coevolução — o trabalho do antropólogo William Durham segue sendo o mais citado[30] —, mas entendem que isso se deve ao fato de que poucos pesquisadores se dedicam a esse tipo de estudo, argumento pouco convincente para justificar a completa falta de evidências robustas.

A vantagem da teoria da construção de nicho, segundo Jablonka e Lamb, é oferecer conceitos de meio ambiente e de variação muito mais ricos do que aqueles usados pela teoria darwinista: "O ambiente tem um papel na geração e no desenvolvimento de traços e entidades culturais, bem como em sua seleção, e as novas variantes culturais são, em geral, tanto construídas quanto direcionadas".

A variação nem sempre é randômica na sua origem e funcionalmente cega, mas pode surgir como uma resposta de feição lamarckiana às condições da vida. O darwinismo cultural, na visão dessas autoras, não incorpora o fato de que criação, preservação, transformação e supressão de variantes culturais "estão todas conectadas à rede de interações que constitui o sistema cultural mais amplo".[31]

Entretanto, como assinala Steven Pinker, são questionáveis tanto a tese de que os humanos estejam evoluindo biologicamente quanto a tese de que a cultura evolua nos moldes da biologia. Os cérebros, segundo ele, evoluíram segundo as leis da seleção natural e da genética, mas interagem uns com os outros segundo as leis da psicologia cognitiva e social e da ecologia humana.

A dinâmica cultural, portanto, respeita outra lógica, nem darwinista, nem lamarckiana, uma vez que os produtos culturais provêm de computações mentais que "inventam e dirigem as mutações" e "entendem as características adquiridas". Mentes passivas, que simplesmente aceitam de maneira acrítica as variantes culturais do ambiente, seriam eliminadas por seleção natural, dando lugar àquelas que avaliam, discutem e aperfeiçoam as ideias para simular e planejar suas ações. A partir dessas considerações, Pinker põe outra paráfrase em circulação: "Nada na cultura tem sentido exceto à luz da psicologia".[32]

Note-se que, da perspectiva da psicologia evolutiva, o conceito de evolução cultural faz pouco sentido. A afirmação de que "nada na cultura tem sentido exceto à luz da psicologia" impõe situar a dicotomia *nature/nurture* em outro lugar: afinal, o que é inato ao cérebro humano? A psicologia evolutiva tenta responder a esta pergunta, abordando somente seus pressupostos (a partir de hipóteses sobre a evolução do cérebro humano até a sua conformação atual, atingida ainda durante o Pleistoceno), mas sem enfrentar a questão sobre a dinâmica cultural posterior, sobre a qual ela tem pouco a dizer. Como enfatizam John Tooby e Leda Cosmides:

> O rastreamento adaptativo, com certeza, deve ter caracterizado os mecanismos psicológicos que governavam a cultura durante o Pleistoceno; de outro modo tais mecanismos jamais teriam se desenvolvido; contudo, uma vez que as culturas humanas foram impelidas para além das condições do Pleistoceno às quais estavam suficientemente adaptadas, a conexão anteriormente necessária entre rastreamento adaptativo e dinâmica cultural se perdeu.[33]

A genética somente estabeleceu os parâmetros que delimitam a cultura, e a teoria darwiniana da seleção natural só pode iluminar a compreensão sobre a dinâmica da cultura humana caso se contente em promover o entendimento sobre seus pontos de apoio, sem pretender explicar seu desenvolvimento.

Cultura, linguagem e evolução

Na raiz dos problemas enfrentados até aqui, como ficará cada vez mais claro, está a própria definição de cultura e sua relação com a linguagem simbólica. No meu entendimento, não há cultura sem linguagem simbólica. A cultura é produto da linguagem simbólica; ou, a cultura é a segunda natureza produzida pela linguagem simbólica. O cérebro que produz símbolos é um evento tão disruptivo que opôs, um contra o outro, os pais da teoria da evolução, Charles Darwin e Alfred Russel Wallace, que concordavam em tudo o mais. Chamar "cultura" o que quer que tenha sido produzido antes da linguagem simbólica é torná-la um conceito equívoco. Para os propósitos deste livro, linguagem simbólica é aquela que permite "navegar no tempo", pressuposto do que entendo por cultura. Voltaremos a isso.

Sabemos que os cristais aperiódicos (o DNA), por ser uma fiada de unidades diferentes, podem transmitir informação e dar origem à vida se estiverem associados a um sistema metabólico-homeostático. Os símbolos podem, igualmente, transmitir informação, mas cabe investigar o que diferencia o símbolo do gene, e qual a particularidade dos mecanismos sociais que dão origem à cultura e determinam sua dinâmica.

Voltando ao livro de Jablonka e Lamb, as autoras defendem a ideia de que a evolução ocorre em quatro dimensões — genética, epigenética, comportamental e simbólica — com seus respectivos sistemas de herança, que interagem entre si. Essa visão não deixa de pagar um alto tributo à perspectiva sociobiológica. A sociobiologia pretendeu apresentar, nos anos 1970, uma nova síntese.[34] Edward O. Wilson queria ir além dos resultados obtidos pela bem-sucedida síntese evolutiva moderna a partir dos anos 1930. A iniciativa produziu mais confusão do que certezas.

Os teóricos da coevolução e da construção de nicho tentam atualmente reparar as insuficiências da sociobiologia na direção de uma Síntese Evolutiva Estendida.[35] Contudo, o tratamento dado à dimensão simbólica é insuficiente e empobrecedor. Ao aspirar situar o sistema simbólico de herança em meio a outros três, essas vertentes não compreendem seu caráter transcendente, na acepção não metafísica que Monod deu ao termo.

Chega a ser curioso o apelo à autoridade de Ernst Cassirer para sustentar essa escolha. Em *Ensaio sobre o homem*,[36] citado por Jablonka e Lamb, Cassirer parte do pensamento do biólogo estoniano Von Uexküll que, nos seus famosos trabalhos, adota uma visão vitalista e crítica ao darwinismo. Cassirer não pretende fazer uma avaliação crítica dos princípios biológicos de Uexküll, ao qual voltaremos mais tarde, mas lhe tomar emprestado o esquema e a terminologia para propor uma questão mais geral. Para Uexküll, o mais simples organismo não está apenas adaptado ao meio ambiente, como também inteiramente ajustado. Não há organismos inferiores e superiores, mas perfeição por toda parte.

Todo organismo, de acordo com sua anatomia, dispõe de um sistema receptor próprio, por meio do qual recebe estímulos externos, e um sistema efetuador próprio, por meio do qual reage a eles, formando uma única cadeia entrelaçada ou círculo funcional. Conhecendo sua anatomia, reconstruímos seu modo único de experimentar a realidade. Há, portanto, tantas realidades diferentes quanto há organismos diferentes. Todo organismo tem um mundo só seu porque tem uma experiência só sua, de modo que as realidades de dois organismos diferentes são incomensuráveis entre si.

Cassirer, então, pergunta o que seria diferente no homem. Trata-se apenas de um ser vivo que, dada sua anatomia particular, vive uma realidade única incomensurável com as outras realidades de outras espécies? Ou há algo além disso? "O círculo funcional do homem", responde Cassirer,

> não é só quantitativamente maior; passou também por uma mudança qualitativa. O homem descobriu, por assim dizer, um novo método para adaptar-se ao seu ambiente. Entre o sistema receptor e o efetuador, que são encontrados em todas as espécies animais, observamos no homem um terceiro elo que podemos descrever como o *sistema simbólico*. Essa nova aquisição transforma o conjunto da vida humana. Comparado aos outros animais, o homem não vive apenas em uma realidade mais ampla; vive, pode-se dizer, em uma nova dimensão da realidade.[37]

Cassirer usa o conceito de *dimensão* numa acepção bastante diferente daquela usada por Jablonka e Lamb.[38] A dimensão simbólica projeta o homem para além da biologia. Os seres humanos não perdem a condição de seres biológicos por essa razão, assim como a vida não deixa de ser um punhado de "matéria". Quando cristais aperiódicos se combinam com sistemas cibernéticos quimicamente arbitrários, mas úteis do ponto de vista fisiológico, criam-se as condições do que chamamos vida. A arbitrariedade ou gratuidade dos sistemas de regulação são comuns a toda forma de comunicação complexa, genética ou simbólica.

Também uma certa tradição da sociologia (Parsons, por exemplo) vai se inspirar na biocibernética (referenciada no trabalho do próprio Uexküll e de outro biólogo, o austríaco Von Bertalanffy) para tentar elucidar os mecanismos sociais que regulam a dinâmica cultural. Contudo, é importante notar, com Cassirer, que o homem não é simplesmente um animal social: "O homem, como os animais, submete-se às regras da sociedade, mas, além disso, tem uma participação ativa na criação e um poder ativo de mudança das formas de vida social".[39]

Ressaltando a diferença crucial entre o *social* e o *cultural*, cada vez mais importante no debate entre biólogos e cientistas sociais, o filósofo prossegue: "Tomada como um todo, a cultura humana pode ser descrita como o processo da progressiva autolibertação do homem. A linguagem, a arte, a religião e a ciência são várias fases desse processo. Em todas elas o homem descobre e experimenta um novo poder — o poder de construir um mundo só dele, um mundo 'ideal'".[40]

Sociobiologia e superorganismos

A diferença entre o social e o cultural é um bom ponto de partida para apresentar a série de problemas enfrentados pelas ciências sociais em defesa da especificidade do seu objeto. O interesse da sociologia pela biologia é anterior ao estabelecimento da própria biologia como disciplina. O fundador da sociologia, Auguste Comte, dedica uma aula (*42ᵉ leçon*) do seu *Curso de filosofia positiva* a uma controvérsia entre Lamarck e Cuvier que antecipa, ainda que de forma incipiente, muitos dos temas que seriam sistematicamente tratados pela teoria da evolução nas décadas seguintes. Já a sociologia de Herbert Spencer deu lugar a um sem-número de controvérsias que, falando francamente, não fez bem nem ao darwinismo, nem às humanidades, sendo o darwinismo social fruto de um grande mal-entendido produzido por ele e seus seguidores.

Em *First Principles*, Spencer define evolução em termos puramente mecânicos: "A evolução é uma integração de matéria e uma dissipação concomitante de movimento, processo durante o qual a matéria passa de uma homogeneidade incoerente e indefinida a uma heterogeneidade coerente e definida, com o movimento retido sofrendo uma transformação paralela".[41]

Não é difícil perceber quanto essa definição afasta Spencer de Darwin. O fundamental da teoria de Darwin não é a progressão da homogeneidade incoerente à heterogeneidade coerente, mas a variabilidade das formas vivas. O processo em dois estágios de variação sob seleção natural faz dessas formas vivas entidades únicas que não representam de maneira nenhuma momentos da evolução de um sistema total. O mecanismo variação/seleção gera sequências de formas irreversíveis, mas de sentido indeterminado, sem direcionalidade.

Como sequência cumulativa do aparecimento dessas entidades, a evolução só pode ser compreendida em retrospecto. A teoria da evolução nada tem a dizer sobre o futuro da evolução. Assim, a seleção natural não envolve necessariamente progresso; ela apenas tira proveito das variações benéficas que mais bem adaptam o organismo às suas condições de existência. Não há evidência de uma lei de desenvolvimento necessário, o que inclusive é sugerido pela coexistência de formas vivas mais complexas e menos complexas.

A definição de Spencer não apenas não restringe o conceito de evolução ao orgânico, como lhe atribui um sentido unidirecional progressivo. Embora ele descreva o progresso como um processo meramente *teleomático*,* em que determinado resultado é alcançado exclusivamente em decorrência de leis físicas, Spencer aproxima-se de uma visão sociobiológica precursora ao sugerir que o desenvolvimento orgânico e o desenvolvimento social estão sujeitos aos mesmos princípios.

As sociedades humanas são tratadas como superorganismos, analogamente às colônias de insetos e certos grupos de vertebrados, tão ao gosto da sociobiologia contemporânea. Se considerarmos a sugestiva substituição do princípio da seleção natural pelo slogan *"survival of the fittest"*, podemos vislumbrar as possíveis maneiras spencerianas de abordar o tema da relação entre sociedades humanas, a ponto de Walter Bagehot,[42] um contemporâneo de Darwin e Spencer, afirmar que a disputa entre tribos e nações nada mais é do que a luta darwiniana pela existência e evolução por seleção natural. Lembremo-nos de que em *The Descent of Man*, publicado pouco antes por Darwin, há passagens, já citadas aqui, que admitem essa perspectiva controversa, que a sociobiologia irá abraçar em defesa da tese da seleção de grupo, em contraste com a perspectiva de *A origem das espécies*.

O capítulo inaugural de *The Principles of Sociology*[43] intitula-se "Evolução superorgânica". Depois de ter se ocupado, em obras anteriores, da evolução inorgânica de objetos inanimados e da evolução de agregados orgânicos discretos, Spencer vai se dedicar à evolução que começa além dos esforços combinados de progenitores em relação à prole, ainda inserida no contexto da evolução orgânica. Os insetos sociais são o exemplo mais conhecido. Em algumas das sociedades mais avançadas de insetos, a divisão do trabalho chega a ponto de contar com diferentes classes de indivíduos estruturalmente adaptados a diferentes funções, como é o caso dos insetos soldados, trabalhadores e escravos. Spencer menciona ainda a existência, em algumas situações, de um rudimentar sistema de linguagem de sinais e de complexas atividades de mineração, construção e transporte.

Apesar disso, ele reconhece que os insetos sociais não são mais do que uma grande família, a união de filhos de uma mesma mãe, ainda que pertençam a várias classes de indivíduos, e vai encontrar na ação coordenada das aves e na associação de mamíferos para atividades de caça, defesa e proteção, formas rudimentares de evolução superorgânica. Indo além, Spencer observa entre alguns grupos de primatas a presença incipiente de subordinação, propriedade, troca de serviços, adoção de órfãos etc.

A evolução das sociedades humanas, a mais elevada ordem de evolução superorgânica, ao mesmo tempo que surge dessas ordens não tão elevadas do mundo animal, supera-as em extensão e importância quanto a crescimento, estrutura e função, cabendo a uma disciplina própria, a sociologia, a tarefa de estudá-las. Mas a sociologia deve fazê-lo adotando o mesmo procedimento que as outras ciências dedicam à análise da evolução inorgânica e da evolução orgânica, qual seja, por meio da observação das forças próprias do objeto considerado, sua natureza ou fatores intrínsecos, e das forças a que ele está exposto, seu meio ambiente ou fatores extrínsecos. No caso das sociedades humanas, de um lado, os traços físicos e emocionais de seus membros, sua inteligência e modo de pensar, e, de outro, o clima, o relevo, a flora e a fauna.

A partir daí ganham expressão na teoria de Spencer o que ele chama fatores derivados. A ação humana altera radicalmente o meio ambiente orgânico e inorgânico à sua volta, permitindo o desenvolvimento de novas e complexas formas de cooperação em atividades agrícolas e industriais. As sociedades humanas crescem e se tornam o meio ambiente superorgânico de uma em relação às outras, o que determina novas formas de organização política e ação governamental.

À medida que ganham proeminência, essas atividades industriais e governamentais passam a exercer uma influência maior sobre as ações, os sentimentos e as ideias dos indivíduos que a compõem, adequando-os às demandas sociais, ao mesmo tempo que esses requerimentos são eles próprios reformulados para que sejam adequados às demandas dos indivíduos. A dinâmica se completa com a emergência de um meio ambiente secundário, mais importante que o primeiro, composto pelos produtos superorgânicos comumente distinguidos como artificiais, mas que na filosofia spenceriana devem ser considerados tão naturais como qualquer outro produto da evolução: os artefatos, a escrita, a ciência, a religião, a arte etc.

Para Spencer, portanto, a segunda natureza não é artificial. Tudo é natural: os produtos superorgânicos são tratados no mesmo nível dos elementos suborgânicos. Por decorrência, tampouco pode-se falar de coevolução; só há evolução: o mesmo processo teleomático opera nos mundos inorgânico, orgânico e superorgânico. Nesse sentido, a filosofia de Spencer é ainda mais extensiva do que a sociobiologia.

A teoria da evolução spenceriana move seus tentáculos para trás, em direção ao mundo inorgânico, e para a frente, em direção ao mundo superorgânico. Ela não se enquadra, portanto, em nenhuma das grandes vertentes contemporâneas do pensamento biológico sobre cultura: sociobiologia, memética ou coevolução. Antes, apresenta-se como uma espécie de "fenomenologia da natureza" positivista. A proximidade com a sociobiologia, entretanto, é notável. Como assinalou Alfred L. Kroeber em *A natureza da cultura*, Spencer, ainda que reconheça que as sociedades de insetos apenas simulam agregados sociais, não chegou a se impressionar com aquilo que as separa das sociedades humanas.

O tema ainda merece consideração. Inacreditavelmente, esse assunto, sob a denominação de *eussocialidade*, tem ocupado alguns biólogos, graças à admirável obsessão de Edward O. Wilson em retomar um assunto que já parecia devidamente esclarecido. Wilson, recentemente, somou-se a dois colegas, Martin Nowak e Corina Tarnita, para retomar o argumento apresentado em trabalhos anteriores de que "o parentesco explica-se melhor como consequência do que como causa da eussocialidade" e reafirmar, ainda uma vez, a teoria da seleção de grupo: "A eussocialidade, pela qual alguns indivíduos reduzem a longevidade de seu próprio potencial reprodutivo para cuidar da prole de outros indivíduos, sublinha as formas mais avançadas de organização social e o papel ecologicamente dominante dos insetos sociais e dos humanos".[44]

O artigo abriu caminho para a publicação, dois anos depois, de *A conquista social da terra*, severamente criticado por Dawkins,[45] livro em que Wilson insere as sociedades humanas no campo da eussocialidade, procurando demonstrar a base fundamentalmente biológica do que Spencer entendia por fatores derivados ou segunda natureza.

O artigo ensejou uma inusitada reação de mais de cem biólogos evolucionários em defesa da hipótese original de Hamilton sobre a seleção de parentesco,[46] segundo a qual o "altruísmo" entre dois organismos é "proporcional" à proximidade genética entre eles. Os autores contra-atacam a sociobiologia, recorrendo ao exemplo acachapante da alocação sexual, ou seja, a razão do investimento em machos *x* fêmeas. Trata-se de matéria conhecida em que os resultados da seleção de parentesco são muito robustos, desde que Trivers e Hare, entre outros, testaram hipóteses levantadas pelo próprio Hamilton.

Em termos simplificados, um ninho de himenópteros (formigas, vespas e abelhas) tem uma rainha que armazena pela vida espermatozoides recebidos no seu voo nupcial, os quais, por sua vez, fecundam parte dos óvulos à medida que amadurecem. A situação é intrigante porque os óvulos não fertilizados se desenvolvem como machos, e os fertilizados, como fêmeas, fenômeno conhecido por haplodiploidismo. O macho, portanto, não tem pai, e todas as células de seu corpo contêm apenas um único conjunto de cromossomos provenientes da mãe (haploides). Por decorrência, os espermatozoides de um macho são necessariamente iguais entre si.

Isso significa que os filhos sem pai, os machos, carregam 50% dos genes da mãe, da mesma maneira que as fêmeas. Contudo, as irmãs (diploides), ao contrário dos seus irmãos, além dos 50% dos genes da mãe, recebem 100% dos genes do pai, uma vez que os espermatozoides do pai são todos iguais. O grau de parentesco entre irmãs bilaterais, portanto, é de 75%, e não de 50%, como nos animais sexuados normais, enquanto o grau de parentesco entre elas e seus irmãos é de apenas 25%.

Contraintuitivamente, da perspectiva dos irmãos, a chance de que suas irmãs carreguem um de seus genes é de 50%. Nesse quadro, a rainha e seus filhos machos são indiferentes à razão sexual entre machos e fêmeas, enquanto as irmãs bilaterais têm viés a favor das fêmeas, ou seja, de mais irmãs. O equilíbrio da colônia, do ponto de vista da aptidão inclusiva, favorece, portanto, o investimento em fêmeas, o que foi constatado empiricamente.

Segundo os críticos de Wilson, "o sucesso quantitativo da pesquisa é demonstrado pelo percentual de variações que os dados explicam. A teoria da aptidão inclusiva explicou 96% das variações na razão sexual nos estudos entre espécies e 66% nos estudos de espécies específicas".[47]

Kroeber sublinha que os cientistas sociais, tendo poucos feitos a reivindicar no plano da cultura, não raramente recorrem ao que está à mão para produzir resultados à força, com materiais e modelos advindos da física ou da biologia. Estas ciências duras, por sua vez, diante da "fragilidade" das humanidades, muitas vezes tentam uma resolução dos fenômenos culturais em causas físicas ou orgânicas. Esses movimentos se reforçam de parte a parte.

No caso da sociobiologia acontece algo diferente: ela toma uma característica das sociedades humanas, a cooperação entre indivíduos geneticamente não relacionados, e quer transpô-la para o mundo orgânico não humano como estratégia para defender a tese de que tudo se explica a partir dos genes. Kroeber publica o ensaio intitulado *O superorgânico* em 1917,[48] no qual expõe a compreensão de que a cultura e o progresso humanos são "exteriormente tão semelhantes à evolução das plantas e animais que era inevitável que se verificassem extensas aplicações dos princípios do desenvolvimento orgânico aos fatos do crescimento cultural".

Raciocinar por analogia, neste caso, seria algo plenamente justificado. Entretanto, com frequência, esse tipo de procedimento determina uma predisposição a adotar uma postura cientificamente menos rigorosa para sustentar a analogia, mesmo quando os resultados da pesquisa contrariam seus pressupostos.

Segundo Kroeber, este é o caso da analogia entre sociedades de insetos e sociedades humanas. Alguns insetos são seres sociáveis porque se associam, mas não têm uma cultura. A sociabilidade do inseto é determinada pela herança genética. O processo de desenvolvimento da cultura se dá por acumulação, não necessariamente relacionado a agentes hereditários. A distinção entre insetos e seres humanos não é baseada numa diferença de grau, mas em uma diferença de gênero. Não vamos encontrar na superioridade de um traço característico como a inteligência, por exemplo, a explicação para distinguir os dois processos.

As atividades instintivas de animais não humanos são inclusive capazes de produzir feitos extraordinários, de causar espanto. O que nos distingue é que somos seres orgânicos que produzem cultura. "A tentativa que hoje se verifica de tratar o social como orgânico, de compreender a civilização como hereditariedade, é, na sua essência, tão tacanha como a suposta inclinação medieval para subtrair o homem ao reino da natureza e à alçada do cientista, por se acreditar que possuía uma alma imaterial."[49]

Para Kroeber, a confusão entre o orgânico e o cultural se deve, no fundo, à incapacidade de distinguir entre o mental e o cultural. Como a biologia correlaciona, e por vezes identifica, o cérebro humano e a mente, e o faz de forma cientificamente embasada, ela é levada, por extrapolação não justificada, a identificar a mente e a cultura. Uma coisa, contudo, é admitir que tudo que é cultural só existe por intermédio do mental, cuja base é orgânica; outra coisa, bastante diferente, é imaginar ser possível explicar a cultura em termos fisiológicos e mecânicos. "Que a hereditariedade funcione no domínio da mente, bem como no do corpo, é uma coisa; que, por conseguinte, a hereditariedade seja a mola da civilização é uma proporção inteiramente diferente, sem conexão necessária e sem conexão estabelecida com a conclusão anterior."[50]

Como fluxo de produtos do exercício mental, a cultura é, essencialmente, não individual. Imaginar que uma cultura possa ser compreendida a partir da constituição orgânica de seus membros é tomá-la como mero agregado de atividades psíquicas ou como produto de mentes organicamente moldadas, não como uma entidade além dessas mentes. A cultura, para Kroeber, é um salto para outra dimensão, comparável à primeira ocorrência de vida no universo. E, embora continue arraigada a ela, transcende-a. Qual o significado dessa transcendência?

Se antes referimo-nos ao mesmo problema em termos neurofisiológicos — o binômio cérebro-mente tratado no nível físico de neurônios, hormônios e neurotransmissores —, cabe-nos agora, a partir da exposição de Kroeber, enfrentar a discussão em torno do binômio psique-cultura, tal como foi organizado pela psicologia evolutiva, que estuda o cérebro como sistema de processamento de informação, sem referência aos processos neurofisiológicos, no seu confronto com a antropologia do próprio Kroeber, bem como de Durkheim e Geertz.

Psicologia da cultura

Num texto clássico, intitulado "The Psychological Foundations of Culture", John Tooby e Leda Cosmides[51] estabelecem os termos do embate: "As mentes humanas, o comportamento humano, os artefatos humanos e a cultura humana são todos fenômenos biológicos — aspectos dos fenótipos dos humanos e de suas relações uns com os outros". Para os autores, desmembrar o ser humano em aspectos biológicos e não biológicos é recair no velho dualismo pré-moderno da tradição ocidental que desapareceu do horizonte da ciência moderna. Já vimos, com Monod e Eccles, a existência de um caminho alternativo entre o monismo e o dualismo que os autores não exploram. Ainda assim, vale apresentar o argumento por razões que logo se tornarão claras.

Tooby e Cosmides querem substituir o que chamam de Standard Social Science Model (SSSM) pelo alternativo Integrated Causal Model (ICM), que, de acordo com eles, rompe com a visão dualista. Para tanto, apresentam passo a passo as considerações que motivam o primeiro modelo. Em primeiro lugar, o SSSM parte da suposição de que a genética não pode explicar por que a cultura é algo compartilhado por membros de um grupo, mas não necessariamente entre diferentes grupos, que podem diferir dramaticamente um do outro.

Essa lacuna é reforçada pelo fato de as crianças nascerem iguais umas às outras e se tornarem adultos que diferem uns dos outros na mesma medida em que crescem em ambientes culturais variados. A natureza humana, comum a todos os indivíduos da espécie, não parece ser a causa da variação cultural, a qual, por sua vez, só pode ser explicada por aquilo que as crianças aprendem de outros membros do grupo local a partir de um paradigma preestabelecido e externo ao indivíduo que molda a sua mente, tomada como uma tábula rasa.

A cultura, assim, é algo extrassomático ou extragenético, um conjunto de variáveis não biológicas que organiza e dá forma substancial à vida humana a partir da dinâmica histórico-cultural do próprio grupo. Nas palavras de Kroeber: "Os únicos antecedentes dos fenômenos históricos são fenômenos históricos".[52] Cabe à psicologia, segundo o SSSM, a partir desta perspectiva, estudar o processo de socialização com foco no processo de *aprendizagem*, mediante o qual as crianças assimilam a cultura transmitida mais ou menos acuradamente pelo grupo de geração para geração.

A evolução natural simplesmente substituiu os sistemas de comportamento geneticamente determinados por mecanismos de aprendizagem de propósitos gerais e processos cognitivos independentes de conteúdo, e a explicação para a existência de similaridades entre membros do mesmo grupo e de diferenças entre grupos se deve apenas à existência de fluxos separados de transmissão da substância informacional que forma a cultura. A cultura, portanto, segundo o SSSM, pouco tem a ver com a biologia ou a natureza humana ou com qualquer desenho psicológico geneticamente herdado, cujos aspectos inatos são negligenciáveis para explicá-la.

O modelo apresentado por Tooby e Cosmides (ICM) parte de outros pressupostos. É preciso apresentá-los com algum cuidado porque seu argumento central situa a psicologia evolutiva numa posição peculiar tanto em relação ao modelo-padrão das ciências sociais quanto em relação a certas vertentes da sociobiologia. A psicologia evolutiva, por um lado, não investiga quais diferenças entre indivíduos ou grupos de indivíduos são causadas por distinções em seus genes e, por outro lado, não descarta a existência de uma arquitetura psicológica típica da espécie, *universal e geneticamente herdada*, que contém mecanismos decorrentes da evolução natural, especializados em resolver problemas adaptativos de longa duração.

Note-se, antes de mais nada, que a psicologia evolutiva nega a existência de qualquer evidência científica que ampare uma explicação racista para as diferenças entre seres humanos. Além disso, abraça a tese de que, assim como o corpo humano, também a mente humana evoluiu filogeneticamente;* assim como dentes e seios estão ausentes no nascimento da criança, certos mecanismos psíquicos se manifestam ontogeneticamente apenas no processo de desenvolvimento do indivíduo.

Dessa forma, as ciências sociais-padrão, segundo Tooby e Cosmides, "mostram-se incapazes de apreciar o papel desempenhado pelo processo evolutivo na organização da relação entre os dotes genéticos universais de nossa espécie, nossos processos evoluídos de desenvolvimento e os traços recorrentes dos ambientes formativos". O SSSM reluta em abrir mão da tese da quase infinita maleabilidade e plasticidade da mente humana; mesmo que admitam compreendê-la como um sistema operacional, tomam-na como um computador de propósito geral para fugir de uma visão determinista que naturaliza resultados comportamentais e sociais indesejados e que, dessa maneira, procuram enfraquecer a importância das forças biológicas que atuam sobre o comportamento humano.

Entretanto, para Tooby e Cosmides isso é um erro. A ideia de que uma arquitetura psíquica infinitamente maleável e genérica é mais responsiva ao ambiente desconhece justamente que, sem mecanismos específicos decorrentes da evolução, nós não teríamos as competências necessárias para sobreviver. "A habilidade que temos de efetuar a maioria de nossas atividades — atividades ricamente contingentes, marcadas pelo engajamento com o ambiente — depende da presença orientadora de um grande número de mecanismos psicológicos altamente especializados."[53]

Diante de possibilidades infinitas de comportamento existe apenas um pequeno grupo de soluções desejáveis para cada circunstância. Nesse contexto, a flexibilidade extrema de um sistema operacional não é uma virtude, muito ao contrário; a flexibilidade adaptativa impede que nos percamos num oceano de possibilidades errôneas e por isso requer um sistema de orientação. Um organismo não teria tempo e informação disponíveis para resolver problemas de grande complexidade sem regras específicas de domínio de relevância, procedimentos especializados e hipóteses prévias para endereçá-los.

Isso só nos parece limitante se considerarmos apenas duas alternativas, o cérebro como um sistema genérico ou o cérebro como *um* sistema especializado. Contudo, tão logo consideramos a hipótese mais provável de que o cérebro se componha de um conjunto bem articulado de órgãos mentais especializados, essa impressão se dissipa. O cérebro humano não é mais flexível porque se libertou de "instintos"; antes, ele é mais flexível justamente porque, no processo de evolução, incorporou mais "instintos". O debate moderno sobre a relação psique-cultura, portanto, deve centrar-se, segundo o ICM, no caráter dos mecanismos psicológicos evolutivos dedicados, os quais, longe de nos causar constrangimentos e nos impor limites, ampliam nosso campo de ações, impossíveis na sua ausência.

Segundo a psicologia evolutiva, a natureza humana é em todo lugar a mesma. A seleção natural, associada à recombinação sexual em espécies com uma estrutura populacional aberta, como os seres humanos, tendem a gerar uniformidade em adaptações, em particular aquelas que formam estruturas interdependentes que limitam as variações passíveis de ocorrer sem comprometer a integridade das adaptações como um todo. Isso significa que esse conjunto herdado de mecanismos especializados é comum a todos os seres humanos, com pequenas variações de indivíduo para indivíduo, embora opere sob diferentes circunstâncias. E assim como o fenótipo difere do genótipo,* isto é, a expressão observável de um traço difere de sua base herdada, deve-se também fazer a distinção entre o comportamento manifesto e a psicologia evoluída, fracionando as diferenças culturais em insumos ambientais variáveis e um design subjacente uniforme. Desta forma,

> Todos os humanos compartilham uma arquitetura universal imensamente organizada, dotada de mecanismos repletos de conteúdo, e esses mecanismos são projetados para responder a milhares de estímulos relacionados a situações locais. Como resultado, cada grupo humano tende a expressar, em resposta às condições locais, uma variedade de semelhanças organizadas peculiares ao grupo, semelhanças que não têm como causa a transmissão ou o aprendizado social. Claro, tais semelhanças nascidas dentro de cada grupo irão, simultaneamente, conduzir a diferenças sistemáticas entre grupos às voltas com condições diferentes.[54]

Outra consequência do argumento subjacente ao ICM é que não há distinção entre o que é biologicamente determinado e o que não é biologicamente determinado, mas sim entre mecanismos psicológicos abertos a fatores ambientais diversos que produzem comportamento manifesto variável e mecanismos psicológicos fechados à influência externa que produzem comportamentos uniformes.

De outra parte, o ambiente, entendido de maneira restritiva como aquela parte relevante do universo que interage com o organismo no processo de desenvolvimento, é também um produto da evolução, o que inclui o mundo físico e biológico, e, no caso dos seres humanos, a cultura. A arquitetura universal de nossas mentes, fisiológica e psicológica, a interação entre elas, e delas com o ambiente natural e cultural relevante para seu desenvolvimento compõem uma metacultura que é afinal o que permite tanto à criança compreender o que é culturalmente variável como ao antropólogo realizar seu trabalho etnográfico. "É provável que seja mais adequado pensar a humanidade como uma única população em interação, vinculada por sequências de inferência reconstrutiva, do que como uma coleção de grupos distintos com 'culturas' delimitadas separadas."[55] Como mais tarde teremos a oportunidade de esclarecer, da perspectiva deste livro, essas duas alternativas são falsas, a menos que se dê à palavra "interação" um significado muito particular.

Para a psicologia evolutiva, o que chamamos cultura, no sentido clássico, é, portanto, tão somente um resíduo, um subgrupo de fenômenos culturais contingentes que existem em uma mente e que, por interação e observação, são recriados em outras mentes por mecanismos de inferência de baixa fidelidade em um processo de tipo epidemiológico, insuficiente para produzir uma descontinuidade na evolução da cultura que transporte os seres humanos para um reino autônomo transcendente à biologia. A psicologia evolutiva, dessa forma, reabilita a velha fórmula "*nature not nurture*", sem contemporizar com qualquer perspectiva racialista, mas mantendo equidistância das abordagens antropológicas que defendem a transcendência da cultura em relação à genética.

Desse ponto de vista, não existe uma cultura "lá fora", externa ao indivíduo; é o design da arquitetura psicológica humana que estrutura a natureza das interações sociais e a transmissão de representações entre indivíduos. O sistema social é como um ecossistema estruturado por um processo de retroalimentação dirigido pelas propriedades dinâmicas da mente humana e é a partir da sua arquitetura psicológica comum que se devem analisar os efeitos antientrópicos* secundários da dinâmica social, e não de supostos mecanismos funcionalmente integrados pertencentes ao sistema social como se ele próprio fosse um organismo.

Entretanto, no que consistem, afinal, os tais mecanismos psicológicos especializados? Primeiro, gostaríamos de enumerar os seguintes exemplos: mecanismo de preferência de parceiro,[56] mecanismo de ciúme sexual,[57] mecanismos específicos de criatividade sexual,[58] sinal de comunicação da emoção mãe-bebê,[59] mecanismo de detecção de trapaça social[60] etc. Certamente, esses mecanismos não são exclusivos da espécie humana; já vimos que muitos biólogos falam com naturalidade de consciência animal, cultura animal e psicologia animal.

Contudo, se o que distingue o ser humano, segundo a psicologia evolutiva, é justamente possuir mais, e não menos, instintos, interessa-nos perguntar pelos instintos específicos da espécie humana que recebem atenção dos pesquisadores. Pela relevância, três merecem ser mencionados: o instinto da linguagem,[61] o instinto tribal[62] e o instinto religioso.[63]

Esses "instintos" estão associados à cultura humana e parece evidente que os dois últimos são claramente dependentes do primeiro, uma vez que tribo (nação) e religião pressupõem a linguagem simbólica. Isso significa que para elucidar a questão de se a cultura humana é mera expressão fenotípica da psicologia humana evoluída ou se a evolução biológica lançou o ser humano para uma dimensão que transcende a própria biologia, parece claro que o debate sobre o estatuto da linguagem é incontornável.

É aqui que, no meu entendimento, encontra-se a maior vulnerabilidade da psicologia evolutiva.

Procuro demonstrar, ao longo deste livro, que a linguagem, embora produto da evolução biológica, dificilmente poderia ser considerada um instinto. Indo além, defendo a hipótese de que a tribo (ou nação) e a religião não apenas têm a linguagem simbólica como pressuposto, mas também são decorrência de como as culturas revoluem.

Portanto, tão importante quanto caracterizar a linguagem humana é compreender se os chamados "instintos" tribais e religiosos, assumidos pela psicologia evolutiva, são inatos ou se são fruto do desenvolvimento histórico que se desdobra segundo leis análogas às leis biológicas evolutivas ou segundo leis próprias revolutivas que este estudo pretende revelar.

2. Por uma antropologia dialética

> O que é necessário para nós é reconstituir uma ontologia ou, pelo menos, uma antropologia dialética.[64]
>
> JEAN-PAUL SARTRE

> O pluralismo supõe uma alteridade radical do outro que a lógica formal não pode refletir.[65]
>
> EMMANUEL LEVINAS

MARVIN HARRIS[66] CHAMA A ATENÇÃO para o fato de que Franz Boas jamais rejeitou a teoria da evolução darwinista, opinião que Tim Ingold[67] viria a incorporar mais tarde. Boas, na verdade, rejeita o paralelismo evolutivo e os padrões universais de progresso. Quanto a isso, sua posição está inteiramente de acordo com a posição de Darwin, tal como apresentada em *A origem das espécies*. A rejeição boasiana ao reducionismo biológico não deveria obscurecer as analogias que o pai da antropologia americana traçou entre a evolução biológica e a evolução cultural, como Ingold fez questão de sublinhar.

Boas define cultura como

> a totalidade das reações e atividades mentais e físicas que caracterizam a conduta dos indivíduos que compõem um grupo social, coletiva e individualmente, em relação ao seu ambiente natural,

> a outros grupos, a membros do mesmo grupo e de cada indivíduo para consigo mesmo. Também inclui os produtos destas atividades e sua função na vida dos grupos. A simples enumeração destes vários aspectos não constitui, no entanto, a cultura. Ela é algo mais que tudo isso, pois seus elementos não são independentes, têm uma estrutura.[68]

Note-se que a definição não exclui, de pronto, a existência de uma cultura animal não humana. Fenômenos de cultura material, como a utilização de artefatos, e mesmo hábitos sociais, como os casos de animais gregários e insetos sociais, podem ser observados no mundo animal não humano. Entretanto, Boas prefere chamá-los modos de vida ou hábitos animais, reservando o termo cultura àquela espécie cujo comportamento não estereotipado não pode ser caracterizado como instinto, mas que é, ao contrário, dependente de uma tradição transmitida que pressupõe o uso da linguagem simbólica, ou seja, à espécie humana. Diga-se, ainda uma vez, que essa é a mesma posição adotada neste estudo.

Há traços comuns a todas as culturas: o cozimento de alimentos, o uso de ferramentas, a crença no sobrenatural e na multiplicidade de mundos, a ideia de uma alma humana, a estrutura gramatical dos idiomas etc. Boas concede, ao gosto da psicologia evolutiva, que, da mesma maneira como formas análogas em plantas e animais surgem de modo independente, estes traços comuns culturais também podem ter surgido independentemente, em função da identidade da estrutura mental do ser humano. Mas pode ocorrer também, segundo ele, que essas semelhanças se devam a relações históricas de dois tipos. Os traços comuns de toda humanidade podem representar conquistas culturais pertencentes a um período anterior à dispersão dos seres humanos, o que sugere a possibilidade de uma antiguidade cultural comum; ou os traços comuns se devem ao processo de difusão da cultura cujos elementos, por vezes, viajam a altas velocidades.

Especificamente em relação aos idiomas, Boas, à luz das evidências históricas de que dispunha, não acreditava que o número de idiomas pudesse ser menor em tempos passados do que na atualidade. Antes, tudo sugere que esse número era maior, não sendo possível afirmar se, em tempos ainda mais remotos, os idiomas estavam todos relacionados a uma única língua-mãe. O mais provável é que, em condições primitivas, os grupos estivessem muito mais isolados uns dos outros do que se encontram atualmente, cada um com uma língua e uma cultura próprias.

Boas atribui à influência da obra de Darwin o rumo das pesquisas de Tylor, Morgan e Spencer, que teriam centrado suas análises na teoria da evolução biológica aplicada aos fenômenos culturais, relacionando-os ao desenvolvimento e ao avanço da civilização. Como vimos, *The Descent of Man* dá margem a essa interpretação. O incremento constante do conhecimento empírico e sua aplicação técnica em novas invenções, bem como a ilusão de um progresso moral da civilização reforçaram a ideia de uma única linha de desenvolvimento da cultura, visão proeminente nos trabalhos antropológicos do final do século XIX.

Quanto à perspectiva de *A origem das espécies*, contudo, nada mais enganoso. Boas e Darwin, como notou Ingold, parecem estar bastante de acordo quanto a algumas propriedades da evolução biológica e da evolução cultural. Nos dois casos, é difícil falar em progresso ou sequência evolutiva unilinear. Em relação ao desenvolvimento industrial, evidentemente, tudo sugere uma direção de crescente complexidade; mas, em relação a tudo o mais, passa-se algo diferente.

Muitas línguas primitivas são mais complexas do que as modernas. Encontram-se também, em culturas primitivas, formas mais complexas de religião e sistemas sofisticados de obrigações sociais. Mesmo em relação à economia como um todo, não há desenvolvimento paralelo comparável. Basta pensar no desenvolvimento independente da agricultura e da pecuária, inclusive em termos cronológicos.

Seria um povo pastoril mais evoluído do que uma tribo agrícola? Não é possível afirmar. Além disso, povos, cuja cultura material é muito pobre, não raramente possuem uma elevada organização social. De outro lado, uma cultura materialmente rica pode privar parcelas consideráveis de seus membros do gozo destas conquistas, relegando as camadas subalternas da sociedade à satisfação apenas de suas mais básicas necessidades.

Há que considerar ainda a relação de uma cultura a outras. A ética que hoje pode justificar aumentar o bem-estar de uma cultura à custa de outra, segundo Boas, é a mesma que outrora poderia impulsionar o homem primitivo a considerar todo estrangeiro um inimigo a ser morto.

Para Boas, "os fenômenos culturais são tão complexos que me parece duvidoso que possamos descobrir leis culturais válidas".[69] Sendo a cultura um todo integrado cujos elementos têm efeitos uns sobre os outros, a tentativa de deduzir as formas culturais de uma única causa estão fadadas ao fracasso.

Não se nega a importância de certos fatores para a conformação das formas culturais, como a geografia e a economia. Mas até estes fatores cruciais devem ser relativizados. Em um mesmo ambiente podem conviver culturas muito distintas, e sociedades com semelhante nível de desenvolvimento econômico podem diferir muito entre si quanto à arte, à religião e a outros elementos da cultura. "As culturas diferem, como tantas espécies, quiçá gêneros, de animais, e sua base comum se perde para sempre."[70]

Esta última analogia, que associa culturas a espécies, certamente aproxima Boas de Darwin, como nota Ingold. Dobzhansky, anos depois, julgaria aceitável "conceituar mudanças evolutivas em culturas como análogas a anagênese* e cladogênese* em evolução biológica".[71] Uma interpretação que suponho aceitável das formulações de Boas consideraria a possibilidade de, no período de dispersão da humanidade, ter acontecido um processo de diferenciação cultural análogo à cladogênese alopátrica, mediante a qual um isolamento geográfico (alopatria) entre populações de uma mesma espécie interrompe o fluxo gênico entre as mesmas e, como consequência, pode se dar o isolamento reprodutivo entre elas, possibilitando a formação de uma nova espécie.

Contudo, o próprio Boas reconhece uma diferença fundamental entre culturas e espécies, que torna a analogia questionável:

> Formas animais desenvolvem-se em direções divergentes, e uma imbricação de espécies antes autônomas é negligenciável no conjunto da história do desenvolvimento. No domínio da cultura as coisas são diferentes. Pensamentos, instituições e atividades humanas podem se espalhar de uma unidade social para outra. Tão logo dois grupos travam contato, seus traços culturais disseminam-se de um para outro.[72]

Penso que podemos encontrar na biologia uma analogia mais condizente com as ponderações de Boas. Ela nos permite explorar melhor o potencial e os limites do autor, ao mesmo tempo que nos dá a oportunidade de apresentar um novo personagem, central para o desenvolvimento do nosso argumento. A sugestão vem de Ernst Mayr, que nos apresenta os conceitos de superespécie e semiespécie.[73] Para Mayr, "uma superespécie consiste de um grupo monofilético de espécies inteira ou essencialmente alopátricas, diferentes demais morfologicamente para ser incluídas em uma única espécie".

Já as populações alopátricas das quais a superespécie é composta recebem a designação de semiespécies quando não completaram o processo de especiação, embora as barreiras geográficas se façam notar: "A troca genética ainda é possível entre semiespécies, mas não de forma tão generalizada como entre populações da mesma espécie".

Biologicamente falando, são remotas as chances de os seres humanos especiarem, pelo menos não enquanto o planeta Terra for nossa única morada. Culturalmente falando, entretanto, os seres humanos podem ser vistos, da perspectiva de Boas, como uma grande superespécie cultural composta de semiespécies separadas por barreiras culturais, regra geral transponíveis, *mas nem sempre*. Esta última hipótese, a de uma possível "intransponibilidade" entre culturas, no sentido específico de perspectivas contraditórias ou projeções conflitantes no tempo, que obstruem o processo de intercâmbio recíproco, nos será da maior importância para explicar como as culturas revoluem.

A possibilidade de uma especiação cultural completa é, de certa forma, considerada por Boas e, quando ela se dá, a consequência da interrupção do intercâmbio genético por causas culturais pode ser trágica. A inclinação do homem primitivo em tratar o estrangeiro como um inimigo a ser exterminado é mencionada pelo autor mais de uma vez. Mas Boas não tira todas as conclusões desse fato. A especiação cultural completa, que passaremos a chamar de *alienização* (para nos afastar das teorias da alienação de Hegel, Feuerbach e Marx), implica formas muito poderosas de deserotização da espécie.

Se o incesto delimita a fronteira de acasalamento com relação ao grau de parentesco (um círculo de indivíduos relativamente pequeno), a alienização delimita a fronteira de acasalamento com o estrangeiro, um círculo quase ilimitado de não parentes. Note-se que a alienização não cria uma espécie biologicamente diferente, mas uma *espécie culturalmente antagônica* em que o fluxo genético não é dificultado por barreiras naturais, mas pela coerção cultural. Em outras palavras, a alienização completa faz surgir uma figura nova, o terceiro excluído, que gera uma relação triádica contraditória entre ego, alter e alien.

Na literatura consultada, só encontrei na psicanálise freudiana um termo correlato, aplicável à antropologia: "*Das Unheimliche*" (o infamiliar).[74] *Heimlich* (familiar) "é uma palavra que desenvolve o seu significado na direção da ambiguidade, até afinal coincidir com o seu oposto. *Unheimlich* é, de algum modo, uma espécie de *heimlich*".[75] O terceiro excluído é um personagem em si contraditório, que é e não é da espécie humana, simultaneamente. Ele adere perfeitamente a duas observações de Freud sobre o assunto:

> Em primeiro lugar, se a teoria psicanalítica tem razão ao afirmar que todo afeto de uma moção de sentimento, de qualquer espécie, transforma-se em angústia por meio do recalque, entre os casos

que provocam angústia deve então haver um grupo no qual se mostra que esse angustiante é algo recalcado que *retorna*. Essa espécie de angustiante seria então o infamiliar e, nesse caso, seria indiferente se ele mesmo era, originariamente, angustiante ou se carregava algum outro afeto consigo. Em segundo lugar, se isso é mesmo a natureza secreta do infamiliar, então entendemos por que o uso da língua permitiu que o familiar deslizasse para seu oposto, o infamiliar, uma vez que *esse infamiliar nada tem realmente de novo ou de estranho, mas é algo íntimo à vida anímica desde muito tempo.*[76] (Grifos meus)

Maynard Smith criticou, com razão, a afirmação de Lévi-Strauss de que o tabu do incesto inaugurou a cultura. Como vimos, a afirmação lhe soava falsa ou tautológica: falsa porque muitas espécies não humanas evitam o incesto; tautológica porque tabu é cultura. Na verdade, ocorre algo diferente. A cultura cria uma nova barreira sexual que empurra as preferências na direção contrária à inclinação natural de tomar distância dos parentes próximos. Trata-se, agora, de tomar distância dos estranhos. Isso quer dizer que não foi o tabu do incesto que inaugurou a cultura, como bem notou Maynard Smith; antes, foi a cultura que, ao criar uma força que age no sentido oposto daquele da predisposição biológica, desnaturalizando a busca do parceiro e redelimitando o campo da escolha sexual, criou a necessidade de uma barreira que colocasse limite a essa nova força, perseguindo, pela contramão, a mesma motivação da força biológica (evitar as complicações biológicas do incesto). O tabu do incesto é, portanto, do ponto de vista cultural, uma consequência da alienização; e um processo de desalienização, evidentemente, teria outra consequência, qual seja, reerotizar a civilização quanto às barreiras culturais — mas não quanto às barreiras biológicas.

Lévi-Strauss, como Boas, não desconhece a questão da alienização. Em "Raça e história", ele reconhece que a noção de humanidade, englobando toda a espécie, independentemente das poucas etnias e das muitas culturas existentes, surgiu recentemente e numa região particular.

Prevaleceu, ao longo da história, a visão etnocêntrica pela qual um povo encarava os demais como bárbaros ou selvagens, ora destituindo-os do mínimo grau de realidade, ao fazer deles fantasmas ou assombrações, ora atribuindo-lhes vícios ou natureza inumanos. Mas quando Lévi-Strauss fala de "um certo *optimum* de diversidade", está mais preocupado com o processo de homogeneização das culturas, mantidas algumas persistentes diferenças superestruturais, do que com seu extremo oposto, a heterogeneidade antagônica.

A diversidade, para ele, é um fenômeno natural. Ela decorre tanto do isolamento entre grupos, como, mais regularmente, do desejo de grupos próximos distinguirem-se uns dos outros. Não se poderia, inclusive, conceber um processo único de desenvolvimento da cultura, qualquer que seja. Isso implicaria, na prática, negar a verdadeira diversidade.

A diferença entre as culturas seria determinada exclusivamente pelos diferentes estágios em que elas se encontram, resultante de ritmos discrepantes de progressão, e não pela divergência de desenvolvimento de cada uma. Contudo, nada na história dos povos sugere tal hipótese, muito ao contrário. Lévi-Strauss não pretende, com isso, negar a realidade de um certo "progresso" da humanidade, se é possível assim chamá-lo, mas prefere apresentá-lo sob outra perspectiva.

O que caracteriza as culturas que conseguiram realizar as formas mais cumulativas da história? Para Lévi-Strauss, as chamadas grandes civilizações, que tanto nos impressionam, nunca foram o feito de culturas isoladas, mas de coalizões entre culturas que combinaram, voluntária ou involuntariamente, suas conquistas e invenções.

Essa é a principal razão pela qual as culturas paleolíticas pouco acumularam. Enquanto a humanidade se dispersava geograficamente, os grupos humanos se diferenciavam do ponto de vista cultural, mas pouco se combinavam. "A chance de uma cultura totalizar esse conjunto complexo de invenções de todas as ordens que chamamos civilização é função do número e da diversidade das culturas com as quais ela colabora na elaboração — em geral involuntária — de uma estratégia conjunta."[77]

A combinação de culturas é, portanto, pressuposto das grandes civilizações, o que torna ainda mais disparatado referir-se a culturas superiores e inferiores. As culturas mais cumulativas não existem por si; sua grandeza não é fruto da sua natureza. Elas são a forma característica de "superorganismos sociais" constituídos de culturas distintas e seu modo específico de coligar-se.

Mesmo acontecimentos históricos dramáticos como a colonização das Américas pelos europeus são expostos por Lévi-Strauss nesta chave interpretativa. A derrocada das civilizações do Novo Mundo diante da chegada de um punhado de conquistadores do Velho Mundo se deveu, segundo Lévi-Strauss, menos ao fato de as Américas contarem com menor diversidade cultural do que ao fato de, sendo uma região de povoamento mais recente, os povos ameríndios terem tido menos tempo para se diversificar, apresentando panorama mais homogêneo.

A coalizão cultural dos povos americanos reunia menos parceiros diferentes entre si do que a coalizão da Europa, locus da fusão das tradições grega, romana, germânica e anglo-saxã, e da influência árabe e chinesa, tradições estas, elas próprias, resultantes de outras coalizões ainda mais antigas.

A contribuição de uma única cultura, portanto, tem menos a ver com suas realizações individuais do que com um certo *afastamento diferencial* dela mesma em relação às demais culturas, sendo o processo civilizatório, em certa medida, um fenômeno paradoxal em que a fecundidade das coalizões aumenta em função da diversidade entre culturas; diversidade que o progresso contínuo, por sua vez, com o tempo, tende a homogeneizar. E justamente por enfraquecer o que lhe dá causa, o progresso perde, gradualmente, tração e impulso cumulativo.

Segundo Lévi-Strauss, essa fatalidade só pode ser compensada por dois tipos de eventos: o primeiro consiste em afastamentos diferenciais *internos*, em que a divisão da sociedade em classes e grupos distintos se aprofunda e, possivelmente, aumentam as desigualdades sociais; o segundo, em larga medida condicionado pelo primeiro, consiste em incorporar, por bem ou por mal, novas culturas aos superorganismos sociais, expediente fartamente utilizado pelas potências europeias mediante práticas colonialistas e imperialistas.

Seja qual for o caminho, o processo civilizatório depende da reposição contínua da diversificação: a civilização mundial só pode ser a coalizão planetária de culturas que mantenham cada qual sua originalidade; igualada num único modo de vida, a humanidade restaria ossificada.

Fronteiras e nichos culturais

A leitura que Lévi-Strauss faz da chegada dos conquistadores europeus e do colonialismo resultante é elucidativa. O genocídio de povos ameríndios e a importação de mão de obra escrava africana, nos termos por ele propostos, são tratados sob a mesma denominação de coalizões geradoras de superorganismos sociais, como se os processos históricos de formações sociais se diferenciassem por modo e grau, mas não por natureza.

Genocídio e escravização são desdramatizados por uma "narrativa técnica" sob o manto da ciência. Com isso, a *Antropologia estrutural*, ao não contemplar a relação triádica em que o processo de alienização transforma diferença em contradição, e afastamento diferencial em antagonismo, perde em realismo e potencial crítico. O mesmo se passa quando ela é chamada a se pronunciar sobre a diferenciação interna, que Lévi-Strauss, diga-se a seu favor, reconhece como condicionada pela diferenciação externa. Na sua chave interpretativa, a diferenciação interna (castas, classes etc.) é vista apenas como uma benéfica compensação à perda de dinamismo decorrente da homogeneização entre culturas que o próprio progresso promove, pondo-se em risco.

A diferenciação interna é, assim, incorporada à maneira de Durkheim, que tratou do processo de constituição de estruturas sociais a partir de uma lógica combinatória. Se Boas, como vimos, chama mais atenção para o fenômeno da dispersão e da especiação cultural, Durkheim trata de descrever com mais detalhe o fenômeno da reaglutinação da espécie e a consequente *organicização* da sociedade.

Se, do ponto de vista externo, Durkheim, na linha de Boas, considera as sociedades como "individualidades" pertencentes a espécies sociais, do ponto de vista interno ele as vê como organismo. O que mais tarde Lévi-Strauss chamaria de superorganismo seria um caso especial de coalizão de organismos. Ainda segundo ele, da mesma forma que o fisiologista estuda as funções do organismo, cabe ao sociólogo avaliar a saúde de cada espécie social, segundo suas características peculiares, sem cair na tentação de julgar uma instituição, uma máxima moral ou uma prática em si mesmas, indistintamente para todo tipo social, desconsiderado o estágio de desenvolvimento particular de cada um.

A principal debilidade da filosofia de Comte, segundo Durkheim, é justamente a de ter menosprezado a existência de espécies sociais. Partindo da ideia de que há uma evolução contínua do gênero humano, Comte considerou possível representar o progresso das sociedades humanas como idêntico ao de um povo único, cabendo à filosofia encontrar a ordem dessa evolução.

Para Durkheim, ao contrário, o que existe são sociedades particulares que nascem (como espécie social), se desenvolvem (de acordo com suas próprias fases históricas) e morrem (incorporadas ou não a outras sociedades):

> Um povo que substitui outro não é simplesmente um prolongamento deste último com algumas características novas, ele é outro, tem algumas propriedades a mais, outras a menos, constitui uma individualidade nova e todas essas individualidades distintas, sendo heterogêneas, não podem se fundir em uma mesma série contínua, menos ainda em uma série única. Pois a sequência das

> sociedades não poderia ser representada por uma linha geométrica; assemelha-se antes a uma árvore cujos ramos se direcionam em sentidos divergentes.[78]

Cabe à morfologia social constituir e classificar as espécies sociais. As sociedades são compostas de partes que se adicionam umas às outras pela reunião dos povos que as precedem. A sociedade mais simples é a horda. A reunião de hordas forma o clã. A justaposição de clãs dá lugar a sociedades polissegmentares que, num processo combinatório permanente com outras sociedades, tornam-se cada vez mais complexas.

Nesse processo, entretanto, pode ocorrer também a combinação de povos de espécies diferentes, situados em diferentes ramos da árvore genealógica dos tipos sociais, o que provoca a formação de espécies novas. E nisso, para Durkheim, o mundo social diverge frontalmente do biológico: no mundo social, sociedades, como individualidades de diferentes espécies, cruzam, dando origem a novas espécies, tipos sociais híbridos; a rara "reprodução de tipo biológico" se dá de forma "assexuada", via processo de colonização, e, ainda assim, apenas enquanto a nova colônia se mantém isolada, sem se misturar com outros tipos sociais.

Um exemplo extremo de hibridismo radical é oferecido pelo Império Romano, que combinava povos das mais diversas naturezas. Durkheim, no entanto, observa, numa singela nota de rodapé, algo de muito significativo: "Todavia, é verossímil que, em geral, a distância [tipológica] entre as sociedades componentes não pudesse ser muito grande; caso contrário, não poderia haver entre elas nenhuma comunidade moral".[79]

Para Durkheim, embora tudo que existe se decomponha em elementos da mesma natureza, as diferenças de associação dão lugar às mais variadas formas de organização. São essas diferenças de associação que explicam as distinções entre o ser vivo e as moléculas inorgânicas, entre organismos multi e unicelulares entre o homem e o animal e, no limite, entre as sociedades humanas e os indivíduos que a constituem. Ainda que nas células não haja mais que moléculas de matéria bruta, aquela forma de associação molecular é causa de algo novo, a vida, cujo germe é impossível encontrar em qualquer um dos elementos que a compõem. E, assim como os fenômenos biológicos não se explicam, de maneira analítica, pelos fenômenos físico-químicos, os fenômenos sociológicos não podem ser reduzidos aos psicológicos. "Ao se agregarem, ao se penetrarem, ao se fundirem, as almas individuais dão origem a um ser, psíquico se preferirem, mas que constitui uma individualidade psíquica de um gênero novo."[80] Daí a referência de Durkheim à comunidade moral.

Esse é o motivo pelo qual, de acordo com Durkheim, a sociologia não se deve deixar enganar por certos traços aparentemente inatos no homem, como sentimento de religiosidade, ciúme sexual, amor maternal etc., pois as manifestações dessas inclinações diferem tanto de uma sociedade para outra que, eliminadas todas as diferenças, o resíduo psicológico que remanesce em todos os seres humanos se limita a algo situado à distância dos fatos que pretende explicar.

E, da mesma forma que os psicólogos contemporâneos veem a vantagem da psicologia em relação à neurologia, Durkheim vê a vantagem da sociologia em relação à psicologia: o objeto, nos dois pares propostos, é mais fácil de alcançar.

A sociedade humana é, portanto, um organismo que não se reduz às suas partes constituintes. Ele tem existência própria, exterior ao indivíduo, e se impõe a ele, exercendo um tipo de coerção que é produto *espontâneo* da realidade. Trata-se, portanto, também para Durkheim, de uma segunda natureza ou natureza sui generis em que "a causa determinante de um fato social deve ser buscada entre os fatos sociais antecedentes, e não entre os estados da consciência individual".[81] Isso não implica que a originalidade individual não tenha papel na evolução social; ela, porém, pouco pode fazer se as condições de que a própria evolução depende já não estiverem de certa maneira realizadas.

Seguindo o raciocínio, quando as sociedades se hibridizam, formando novos tipos, o papel do indivíduo sofre uma mudança. Inicialmente, a combinação se dá entre sociedades de mesma natureza. As primeiras sociedades polissegmentares se constituem de segmentos similares e homogêneos, justapostos como "anéis de um anelídeo". Combinações de nova ordem, no entanto, dão lugar a organismos completamente diferentes, em que as partes constituintes não são da mesma natureza, nem estão dispostas da mesma maneira; antes, compõem um sistema de órgãos diferentes, cada qual com função especial, coordenados e subordinados a um órgão central que exerce sobre o organismo uma ação moderadora.

E, assim como as células se especializam nos organismos multicelulares, os indivíduos que formam uma sociedade complexa assumem funções diversas e complementares por meio da divisão do trabalho. À diferença das células, no entanto, os indivíduos não herdam as características de seus genitores e a distribuição das funções sociais pode deixar de responder à distribuição dos talentos e aptidões naturais.

Como o progresso da divisão do trabalho implica diferenciação cada vez maior, cabe à sociedade garantir a igualdade nas condições exteriores de luta, de forma a permitir que cada indivíduo encontre a felicidade na realização da sua natureza, segundo sua capacidade, exercendo funções para as quais está apto.

Durkheim acredita que as diferenças de nascimento entre ricos e pobres se atenuariam, conduzindo a uma harmonia maior entre as naturezas individuais e as funções sociais exercidas pelos indivíduos, mas não deixou de considerar a hipótese de um regime de castas produzir solidariedade, desde que fundado na natureza de determinada sociedade.

Durkheim tampouco destaca a diferença de natureza entre o processo pelo qual se forma uma tribo a partir de clãs e o processo em que se forma uma "Roma" a partir da subjugação de uma tribo por outra, situação em que os dominados são transformados em parte das condições inorgânicas da reprodução da vida dos dominadores.

Ora, a chamada "revolução neolítica" atinge seu apogeu com dois eventos extremos de grande repercussão: a escrita e a escravidão. O efeito só é comparável ao domínio do fogo, um dos eventos decisivos do processo de hominização. O que o fogo representou para o corpo, a revolução neolítica representou para a mente. A escrita libera a mente, externalizando uma série de processos que cabia a ela executar (memória, algoritmos, rotinas etc.).

A "aglutinação" de sociedades, nesse caso, gera um fenômeno novo, contraparte da alienização. As sociedades que incorporam o terceiro excluído por subjugação passam a contar com indivíduos despessoalizados: nem gente, nem animal — um *alien domesticado*, se quisermos ser precisos. Entre parênteses, o assim chamado processo de autodomesticação da espécie humana, que recebeu a atenção de muitos cientistas, de Johann Friedrich Blumenbach a Richard Wrangham, só é compreensível se baseado em relações humanas contraditórias dessa natureza. Vale notar que Émile Benveniste já havia observado que o termo "*passu*", nos antigos textos védicos, designava a propriedade móvel tanto de animais domésticos quanto de servos e escravos domésticos subordinados.[82] Mais recentemente, observou-se também que, no antigo mundo sumério, o termo "*amarKUD*" aplicava-se igualmente a animais castrados e escravos castrados.

Cumpre esclarecer, desde logo, que chamamos "processo de despessoalização" algo não restrito aos fenômenos do mundo do trabalho; portanto, não se limita ao conceito de classe ou casta, mas nos permite considerar, sob a mesma denominação, processos extravagantes de dominação que envolvem situações muito diferentes, mas igualmente opressivas, relativas a gênero, raça, sexualidade etc., que conformam uma verdadeira matriz de subjugação de natureza idiossincrática, nas quais seres humanos são submetidos a condições análogas às descritas acima.

Por onde quer que se olhe, sem contemplar uma relação triádica contraditória, perde-se de vista a dimensão crítica e específica da dinâmica cultural das sociedades humanas. Os conflitos e dissensões de uma sociedade não são, como pensa Durkheim, fruto de formas patológicas de divisão do trabalho que deixam de gerar solidariedade. Antes, são expressão da internalização de relações contraditórias que estruturam sociedades essencialmente cindidas.

Dessa forma, a divisão do trabalho em que culmina o processo social de subjugação serve, na verdade, à autopreservação do todo subjugado. A história das sociedades tem sido a história da luta em torno da alienização e da despessoalização. Ela tem dois motores, um externo e um interno, que lhe dão impulso; e as tentativas de explicar as grandes transições históricas a partir de causas exclusivamente internas ou exclusivamente externas têm sido, em geral, empobrecedoras, risco do qual a Escola Histórica Alemã, a Escola dos Annales e a Teoria do Sistema-Mundo tentaram escapar.

Há pouco, recorremos a uma analogia inspirada em Ernst Mayr para retratar essa dinâmica. Tratamos a espécie humana como uma superespécie biológica composta por semiespécies culturais passíveis de se especiar. Podemos ir um pouco além e afirmar que, a depender de eventos históricos, as subespécies culturais podem fundir-se (identidade), manter-se distintas em relativo equilíbrio (diferença) ou alienizar-se rumo ao aniquilamento mútuo ou à subjugação. A especiação cultural completa, a alienização, não produz diferença, como na biologia, mas *contradição*, o que torna impossível tratar os fenômenos interculturais de uma perspectiva biológica ou ecológica. Daí que a cultura não evolui, antes, revolui. O conceito de revoluir pretende, justamente, contemplar a ideia de um processo em si contraditório.

Essa abordagem traz inclusive enormes vantagens em relação às visões contrapostas tradicionais sobre continuidade e descontinuidade das culturas, contornando um problema crucial da antropologia, como a definição das fronteiras que delimitam as culturas. Kroeber, por exemplo, recusa a comparação entre culturas e organismos; para ele, culturas "são [...] compostos óbvios: agregados mais ou menos fundidos de elementos de origem vária, antigos e recentes, naturais e estrangeiros. Assemelham-se, pois, mais a faunas e floras, que também são compostos ou agregados de espécies animais ou vegetais constituintes, com frequência de origem bastante diversa no espaço e no tempo".[83]

Robert Lowie refere-se à cultura como uma "caótica mistura exótica, aquela coisa mais parecida com retalhos e remendos chamada civilização".[84] Ruth Benedict é ainda mais direta:

> Tanto quanto sabemos, é fato decisivo da natureza humana que o homem elabora sua cultura a partir de elementos esparsos, combinando-os e recombinando-os; e até que abandonemos a superstição de que o resultado é um organismo funcionalmente inter-relacionado seremos incapazes de perceber nossa vida cultural objetivamente, ou de controlar suas manifestações.[85]

Num texto de 1935, Radcliffe-Brown critica esta perspectiva: "Penso que provavelmente nem o prof. Lowie nem a dra. Benedict manteriam, atualmente, esta opinião quanto à cultura humana".[86] Em 1940, Radcliffe-Brown parece recuar desse posicionamento e passa a falar de cultura como abstração reificada:

> Em vez do estudo sobre a formação de novas sociedades compósitas, somos levados a observar o que se passa na África como um processo no qual uma entidade chamada cultura africana entra em contato com uma entidade chamada cultura europeia ou ocidental, e a partir disso uma terceira nova entidade é — ou virá a ser — produzida, sendo descrita, por sua vez, como cultura africana ocidentalizada. A mim isso parece uma fantástica reificação de abstrações. A cultura europeia é uma abstração, tal como o é a cultura de uma tribo africana. Acho fantástico imaginar essas duas abstrações travando contato e produzindo uma terceira

entidade abstrata por meio de um ato de geração. Há contato, mas ele se dá entre seres humanos, europeus e africanos, e dentro de um arranjo estrutural definido.[87]

A menção à cultura como "abstração reificada" é atenuada no livro, publicado em 1952, que reúne, entre outros, os dois artigos mencionados, mesmo ano de uma comunicação de Lévi-Strauss que repreende a posição do texto original. Radcliffe-Brown, na obra, retoma a visão de 1935, mais próxima de Lévi-Strauss, que, por sua vez, deixa clara sua objeção aos que pretendem enfraquecer o conceito de cultura:

> Na verdade, o termo "cultura" é empregado para reunir um conjunto de afastamentos significativos cujos limites, conforme prova a experiência, coincidem aproximadamente. O fato de tal coincidência nunca ser absoluta e de jamais ocorrer em todos os níveis ao mesmo tempo não deve nos impedir de utilizar a noção de cultura, que é fundamental em etnologia, e possui o mesmo valor heurístico que a de isolado em demografia. Do ponto de vista lógico, as duas noções são do mesmo tipo. Aliás, os próprios físicos nos encorajam a conservar a noção de cultura, já que N. Bohr escreve: "As diferenças tradicionais (das culturas humanas) se assemelham, em vários aspectos, aos modos diversos, mas equivalentes, como se pode descrever uma experiência em física".[88]

Na mesma direção, Fredrik Barth apela, de forma inovadora, para o conceito de nicho,[89] adotando, na esteira de Kroeber, uma perspectiva ecológica em que as relações de um grupo são analisadas a partir de seu relacionamento com recursos naturais e grupos competidores, gerando padrões de interação que vão do simbiótico ao rival. No seu artigo seminal, "Grupos étnicos e suas fronteiras", o autor sofistica sua abordagem sobre etnicidade ao registrar as dificuldades de tratar o tema a partir de premissas controversas como a do isolamento geográfico.

Barth mostra que as fronteiras étnicas persistem apesar do contato, da mobilidade de pessoas e do fluxo de informação entre culturas e, muitas vezes, elas se mantêm precisamente em função de estatutos étnicos dicotomizados. Pode ocorrer, ainda, que um mesmo grupo étnico ocupe diferentes nichos ecológicos, sem perder sua unidade cultural e étnica básica, ainda que possa apresentar diferenças de comportamento institucionalizado. É possível que relações interétnicas se estabilizem, assim como, pelo contato, é possível que as diferenças entre grupos ora se reduzam, pela criação de uma congruência de valores, ora se acentuem, pela formação de sistemas sociais poliétnicos.

Barth sugere a adoção de um ponto de vista ecológico para analisar as interdependências entre grupos étnicos que compõem, de forma complementar, um sistema social englobante, caso em que os grupos podem ocupar nichos distintos, com mínima disputa por recursos; podem monopolizar territórios separados, competindo de maneira mais intensa, sobretudo na zona de fronteira; ou ocupar nichos recíprocos e, contudo, diferentes, mas em estreita interdependência.

Evidentemente, não se deve perder de vista que o equilíbrio ecológico depende sempre do equilíbrio demográfico. Barth, ainda, chama a atenção para uma última questão, digna de nota, que envolve etnicidade e estratificação. Diversidade étnica não implica necessariamente estratificação, e estratificação não implica necessariamente a existência de grupos étnicos.

O sistema indiano de castas, em que as fronteiras entre as castas são definidas por critérios étnicos, constituindo-se num sistema poliétnico estratificado, é um caso muito particular.

Essas abordagens sobre continuidade e descontinuidade das culturas, apesar do avanço, não rompem com uma visão diádica do problema. Elas são compatíveis com a ideia de superespécie, mas não aventam a possibilidade de uma semiespécie especiar, caso em que relações triádicas contraditórias podem se estabelecer. E aqui vale a pena retomar o debate entre Radcliffe-Brown e Lévi-Strauss sobre o tema.

Para Radcliffe-Brown, a estrutura social é baseada numa rede de relações sociais diádicas de pessoa para pessoa, enquanto para Lévi-Strauss passa-se algo inteiramente diferente, uma vez que, para ele, as relações sociais diádicas são apenas o resíduo de uma estrutura preexistente, de natureza mais complexa. Para o primeiro, a estrutura é fluxo contínuo, movimento orgânico da ordem da observação empírica; para o segundo, é uma realidade oculta, inconsciente, que se desfralda no tempo.

Lévi-Strauss, de modo claro, sente falta de um *terceiro elemento*, mas pensa tê-lo encontrado nessa estrutura oculta, comum a todos os espíritos, antigos e modernos, primitivos e civilizados, que impõe formas a um conteúdo. Recorre, para tanto, à linguística estrutural de Trubetzkoy e Jakobson para aplicar procedimentos análogos aos da análise de fonemas a sistemas sociais e culturais, mas com o mesmo intuito de examinar nos sistemas de parentesco, na mitologia, nos rituais etc. as propriedades formais dessas estruturas nos seus próprios termos.

Entretanto, como observa Noam Chomsky, "a estrutura do sistema fonológico é de muito pouco interesse como objeto formal; nada há de significativo a dizer, de um ponto de vista formal, acerca de um conjunto de quarenta e tantos elementos classificados em termos de oito ou dez características". Ele prossegue:

> Além disso, a ideia de uma investigação matemática das estruturas da linguagem, a que Lévi-Strauss por vezes alude, apenas se torna significativa quando se consideram sistemas de regras com capacidade gerativa infinita. Nada há a dizer sobre a estrutura abstrata dos diversos padrões que aparecem nas várias etapas de derivação. Se isso estiver correto, não se pode esperar que a fonologia estruturalista, em si mesma, ofereça um modelo útil para a investigação de outros sistemas culturais e sociais.[90]

Curiosamente, tanto Radcliffe-Brown quanto Lévi-Strauss citam *Naven* (1936), de Gregory Bateson, em favor de seus argumentos, embora, para o estruturalista francês, este autor já tivesse ultrapassado o nível das relações diádicas puras em que se apoia o estrutural-funcionalismo inglês. Bateson, de fato, situa-se além das relações diádicas, mas não no sentido sugerido por Lévi-Strauss. Faço referência não tanto ao tratamento que Bateson dá aos conceitos de estrutura e função, que tanta controvérsia gerou entre os discípulos de Radcliffe-Brown e Malinowski, mas à apresentação de seu conceito de cismogênese, entendido como processo de diferenciação.

Bateson distingue dois tipos de cismogênese: a complementar e a simétrica. No primeiro caso, o comportamento e as aspirações dos grupos são diferentes, mas se reforçam mutuamente, podendo, na ausência de restrições moderadoras, levar à ruptura. A atitude assertiva de um grupo que provoque submissão por parte de outro pode encorajar nova asserção, respondida com mais submissão, até que se produza o cisma. No segundo caso, o padrão de comportamento dos dois grupos em contato é o mesmo, simétrico, alterando-se apenas em grau, no decorrer do tempo, até a ruptura, como no caso em que um grupo responde à bazófia de outro com mais bazófia, sem que operem mecanismos estabilizadores.

Quando dois grupos de indivíduos com culturas inteiramente diferentes entram em contato, três resultados possíveis devem ser considerados: "a) completa fusão entre os dois grupos; b) eliminação de um ou de ambos os grupos; c) persistência de ambos os grupos em equilíbrio dinâmico como grupos diferenciados no interior de uma mesma comunidade maior".[91] A lista não contempla a subjugação de um grupo por outro, o que limita o alcance da análise. Com efeito, a escravidão, por exemplo, não se enquadra nas hipóteses elencadas. Não se trata, propriamente, de fusão, eliminação ou equilíbrio dinâmico, embora ela contenha elementos dessas três possibilidades sem se confundir com nenhuma delas.

É sintomático que Bateson sugira que o então estado perturbado e instável da política — lembrando que ele escreve pouco antes da eclosão da Segunda Guerra Mundial — se caracteriza por duas cismogêneses: "a) cismogênese simétrica das rivalidades internacionais; e b) cismogênese complementar da luta de classes".[92] Bateson não percebe, contudo, a conexão entre elas, e o terceiro excluído, que estrutura *por fora* as relações diádicas, não se revela.

NÃO É POR OUTRA RAZÃO que Bateson, participante das famosas Macy Conferences, vai encontrar no conceito de *feedback* o apoio para o desenvolvimento das suas ideias extremamente originais.

A ideia de feedback, utilizada por Clerk Maxwell em sua análise do motor a vapor com regulador e pelo trabalho pioneiro de Claude Bernard sobre a constância do meio interior, seguido por Walter Bradford Cannon, que desenvolveu o conceito de homeostasia, foi chave para o aparecimento da cibernética. Como se sabe, a cibernética, em vez de trabalhar com cadeias lineares de causa e efeito, assume, para a explicação de fenômenos biológicos e sociais, as cadeias causais circulares, que ou buscam um estado de equilíbrio dinâmico, ou se modificam em progressão exponencial, movimento regra geral limitado por recursos finitos de energia ou por algum tipo de restrição externa.

A cibernética, no entanto, é extremamente limitada para explicar fenômenos biológicos e sociais. O feedback é fator determinante para explicar a estabilidade de sistemas, mas não sua dinâmica evolutiva (ou revolutiva), razão pela qual Bertalanffy procura inserir a cibernética, que lida com sistemas fechados, no quadro maior da teoria geral de sistemas, que passa a trabalhar com a ideia de sistemas abertos para explicar a dinâmica dos sistemas biológicos e culturais.

Interessa-nos, particularmente, a conexão que Bertalanffy estabelece entre a biologia de Jakob von Uexküll e o relativismo linguístico de Benjamin Lee Whorf. Antes de apresentá-la, porém, ainda me cabe mencionar a contribuição de Marshall Sahlins para o debate. Ao tentar superar a dicotomia entre universalismo e relativismo, no interior da teoria da evolução, ele oferece alguns elementos críticos que nos serão úteis para compor o esquema geral do nosso argumento.

Sahlins e colegas, em *Evolution and Culture*, resgatam algumas intuições coincidentes desenvolvidas por Tylor e Spencer, notadas também por Durkheim, para propor uma síntese original entre as perspectivas aparentemente conflitantes de Leslie White e Gordon Childe, de um lado, e Julian Steward, de outro, acerca da unilinearidade ou multilinearidade do processo evolutivo no âmbito da cultura. Sahlins reafirma a ideia de progressão sem romper totalmente com a ideia de relativismo.

Para ele, há dois aspectos do processo evolucionário total nem sempre bem delimitados pela teoria: um aspecto adaptativo, outro progressivo. A evolução envolve tanto avanço quanto divergência, tanto progresso quanto variação. Esses dois momentos exigem, para fins analíticos, que se faça a distinção entre evolução específica, que cria diversidade filogenética por modificação adaptativa, e evolução geral, que gera, sem referência à filogenia, formas superiores que superam as formas inferiores tanto em nível de organização como, reciprocamente, em aproveitamento de energia, ou, em outras palavras, em nível de integração.

A evolução biológica e a evolução cultural, para Sahlins e colegas, respeitam essa mesma lógica, desdobrando-se, igualmente, nesses dois eixos, o específico e o geral.[93] Uma das semelhanças notáveis é que as formas específicas mais recentes, biológicas e culturais, não necessariamente são as formas gerais mais elevadas: "Os estágios ou níveis de desenvolvimento geral são sucessivos, mas os próprios representantes particulares desses estágios sucessivos não precisam sê-lo".[94]

Há, entretanto, diferenças igualmente notáveis. Embora se possa traçar um paralelo entre mutação e fluxo gênico, de um lado, e inovação e difusão, de outro, os autores observam que a difusão ocorre também entre espécies culturais diferentes, um fenômeno impossível em biologia, dada a irreversibilidade do processo de especiação. Em contraste com linhagens biológicas separadas, diferentes tradições culturais podem convergir por coalescência, difusão ou aculturação.

Na visão de Sahlins e colegas, isso dá razão a Fredrik Barth, responsável por adotar a ideia de nicho ecológico para retratar o meio ambiente de um grupo cultural como a totalidade dos recursos disponíveis e das culturas circundantes e respectivos padrões de relacionamento intercultural e nível de desenvolvimento. A convergência, portanto, é tão comum entre culturas, quanto a divergência, que, nos moldes da evolução biológica, se dá por variação e seleção.

A cada eixo de evolução biológica ou cultural, específico e geral, corresponde uma forma de dominância que leva o mesmo nome. A dominância específica responde por adaptação verticalmente especializada aderente a um ambiente determinado, enquanto a dominância geral responde por crescente adaptabilidade a um horizonte ecológico lateralmente estendido.

À diferença da evolução biológica, contudo, cujas espécies variam na proporção de um número ilimitado de nichos ecológicos, a evolução cultural, segundo Sahlins e colegas, dá lugar a um número reduzido de tipos culturais. Combinado ao fato de que a difusão cultural ocorre por mecanismos não genéticos muito mais rápidos, notam-se duas tendências só aparentemente contraditórias.

Por um lado, as culturas superiores tendem a dominar e reduzir a variedade de sistemas culturais, inclusive por extermínio, colonização ou simples ameaça; por outro, observa-se maior heterogeneidade entre as culturas que conseguem mudar de patamar. As culturas, assim, segundo Sahlins e colegas, podem convergir quanto à evolução geral, mas mantêm-se diferenciadas quanto à evolução específica, relegando as culturas inferiores, do ponto de vista da evolução geral, a espaços geográficos cada vez mais restritos.

Isso não elimina a possibilidade de uma cultura superespecializada, ainda que pouco desenvolvida, dominar, ao menos por algum tempo, um nicho muito específico. Prova disso é o fato de que a caça e a coleta, em situações históricas particulares, podem, em ambientes generosos, produzir mais energia do que a agricultura ou a pecuária e, em função disso, impedir a sua introdução.

É importante notar que, até esse ponto, Sahlins e colegas mantêm-se adeptos da ideia de evolução cultural, ainda que tenham distinguido a evolução geral da evolução específica. Acrescentam pouco, portanto, ao esforço de explicitar de maneira mais precisa a dialética da dinâmica cultural. Não obstante, apesar de não contemplarem na sua apresentação um espaço para o papel da contradição no processo histórico, seus poucos apontamentos sobre a difusão da cultura introduzem no debate antropológico um argumento que sugere outro caminho, não explorado pelos autores.

A certa altura da exposição, eles afirmam que há obstáculos à evolução geral das culturas. Por um lado, uma cultura tecnologicamente mais sofisticada procura, em geral, retardar a difusão do conhecimento prático, enquanto promove a propagação das suas instituições (costumes, religião, ideologia, leis etc.) no sentido amplo do pensamento institucionalista de Thorstein Veblen. Por outro lado, se essa cultura, embora superior, for muito especializada, o seu potencial para mudar de um patamar para outro mais elevado pode ser menor do que aquele de uma cultura inferior menos especializada, que pode, em virtude de sua maior flexibilidade, superá-la.

Incorpora-se ao modelo, assim, um argumento do marxismo soviético sobre a lei leninista-trotskista do desenvolvimento desigual e combinado, segundo o qual a forma nova pode advir das formas mais atrasadas: "O progresso evolucionário específico relaciona-se inversamente ao potencial evolucionário geral. É importante lembrar que, por conta da estabilização das espécies especializadas, o progresso geral é caracteristicamente irregular e descontínuo, não uma linha direta da espécie avançada para o seu próximo descendente".[95]

A despeito das ilusões do marxismo soviético, que contraria inclusive os prognósticos do marxismo clássico, o mérito do estudo de Sahlins e colegas é menos a separação entre evolução geral e evolução específica, que merece muitos reparos, do que o de ter sofisticado a teoria do difusionismo pela distinção entre difusão técnica e difusão institucional. Isso permite à antropologia dialogar com as escolas de pensamento econômico contemporâneo, de vários matizes, que procuram explicar a não convergência das economias na direção de um mesmo patamar de desenvolvimento, a maioria delas valendo-se de argumentos neoinstitucionalistas.

Numa passagem pouco comentada da obra de Douglass North, por exemplo, ele aponta que

> recentes modelos neoclássicos de crescimento formulados em torno de rendimentos crescentes[96] e de capital físico e humano[97] dependem crucialmente da inferência de uma estrutura de incentivos implícita [...]. No outro extremo estão modelos marxis-

> tas, ou esquemas analíticos inicialmente neles inspirados, que se fazem depender crucialmente de considerações institucionais. Consistam eles em teorias acerca do imperialismo, da dependência ou da dicotomia centro/periferia, têm em comum construtos institucionais que redundem em exploração e/ou em padrões desiguais de crescimento e distribuição de renda. Na medida em que esses modelos relacionem de modo convincente as instituições a incentivos e as escolhas a resultados, serão congruentes com o argumento do presente estudo. *Visto que boa parte da história econômica da humanidade consiste em uma crônica sobre seres humanos com poder de barganha desigual maximizando seu próprio bem-estar, seria espantoso se tal procedimento maximizante* não se desse frequentemente à custa dos outros.[98] (Grifos meus)

Ainda que North reconheça em Marx o precursor de uma visão que separa e integra mudança tecnológica e mudança institucional, por meio da concepção original sobre desenvolvimento das forças produtivas — técnica em conjunto com as relações sociais de produção (instituições) —, o debate econômico contemporâneo sobre difusão cultural e cooperação entre seres humanos tomou outro rumo, na direção de uma reaproximação entre economia e biologia que passa pela economia evolucionária de Richard Nelson e Sidney Winter e chega até a neuroeconomia de Ernst Fehr. Aqui, contudo, não é o lugar para tratar dessas linhas de pesquisa.

Ainda que as conclusões do nosso estudo possam oferecer subsídios para um debate com essa tradição, pois o que se pretende é justamente avaliar os seus pressupostos, essa tarefa nos desviaria do nosso objetivo. Permanecemos com Sahlins, portanto, no campo da antropologia, procurando responder a uma inquietação manifestada por um de seus primeiros inspiradores, o arqueólogo Gordon Childe: "Por que o homem não progrediu diretamente da miséria de uma sociedade 'pré-classes' para as glórias de um paraíso sem classes, ainda não realizado em parte alguma?".[99] Encontramos no próprio North, indiretamente, uma resposta à indagação: "Porque [isso] implica uma mudança no comportamento humano e não temos [sequer] sinal de uma mudança dessas".[100] Quem sabe não devêssemos perguntar se já houve no passado remoto alguma mudança no comportamento humano nesse sentido tão profundo, porém na direção contrária.

Doze anos depois de *Evolution and Culture*, Sahlins publica *Stone Age Economics*, um livro claramente inspirado na antropologia econômica de Karl Polanyi, cuja avaliação crítica nos permitirá avançar nos propósitos deste estudo. Ressalto, preliminarmente, que o livro começa por um questionamento do pressuposto da provocação de Gordon Childe acerca da sociedade "pré-classes": a suposta *miséria paleolítica*. Qual o significado que se pode atribuir a essa expressão? Adianto que a distinção entre os dois significados de econômico, o formal e o substantivo, sugeridos por Polanyi, ainda que desbrave interessantes caminhos alternativos, é insuficiente para enfrentar o problema. Sahlins vai mais longe, mas, ainda assim, à luz dos apontamentos preliminares do nosso estudo, suas conclusões precisam ser parcialmente reavaliadas.

Segundo Polanyi, o significado formal de econômico provém do caráter da relação meio-fins e se refere ao objetivo da obtenção do máximo com os recursos de que se dispõe, o que remete, logicamente, ao conceito de escassez. O significado substantivo de econômico provém da dependência do homem em relação à natureza e se refere à subsistência humana. De acordo com Polanyi, a fusão desses dois conceitos só se justifica numa sociedade de mercado em que a satisfação das necessidades materiais e a escolha, em meio à escassez, estão inevitavelmente ligados. Essa fusão conceitual só acontece em um determinado arranjo institucional que não se aplica a sociedades caracterizadas por outras formas de integração, como salientaram, em linha com o que se convencionou chamar *non-market economics*, Karl Bücher e Richard Thurnwald.

O costume e a tradição, argumenta Polanyi, em determinadas situações eliminam a escolha e, quando ela precisa ser feita, nem sempre é induzida pelos efeitos limitantes da escassez de recursos. Tudo depende da forma como a economia é instituída. A sociedade de mercado, apenas uma das formas históricas de instituição da economia, tem certos pressupostos nem sempre reconhecidos pela teoria: a escolha pressupõe meios insuficientes com usos alternativos, além de fins concorrentes dispostos numa escala de preferências.

Visto de outro ângulo, isso sugere que, em tais condições, a escassez é um corolário da sociedade de mercado; é antes o resultado do que a causa de uma certa forma de organização institucional.[101] Outras formas de instituição da economia, porém, são possíveis e demonstraram-se estáveis, encontrando-se, não na troca, mas na reciprocidade e na redistribuição, padrões alternativos de integração. "A reciprocidade", ensina Polanyi, "diz respeito a movimentos entre pontos correlatos de grupos simétricos; a redistribuição designa movimentos de apropriação em direção a um centro e partindo dele; a troca refere-se, aqui, a movimentos mútuos que ocorrem entre 'mãos' num sistema de mercado."[102]

Esses tipos puros convivem na mesma sociedade, em geral em relação de subalternidade, um deles em situação de domínio diante dos demais. O predomínio de uma forma de integração se dá, segundo Polanyi, na maneira pela qual a terra e o trabalho se integram na sociedade: nos grupos primitivos, pelos laços de parentesco, que definem sua utilização; na sociedade feudal, pela vassalagem, que determina seu destino; na sociedade atual, pela transformação de terra e trabalho em mercadoria.

As formas de integração, contudo, não representam estágios de desenvolvimento. A redistribuição, para ficar num exemplo, ocorre em todos os níveis de civilização, sendo imperativa na caça em cooperação, sem o que a horda se desintegraria, e cada vez mais presente nos Estados industriais modernos, com o aumento substancial dos orçamentos públicos. Por outro lado, "embora as instituições de mercado sejam instituições de troca, o mercado e a troca não são coextensivos. A troca com taxas fixas ocorre nas formas de integração por reciprocidade ou redistribuição; a troca com taxas negociadas [...] limita-se aos mercados formadores de preços".[103]

A troca, portanto, um fenômeno quase generalizado ao longo da história, não se confunde com o mercado, uma formação dominante recente que respalda um conceito compósito de economia em que os significados formal e substantivo coincidem na prática.

A abordagem é inovadora, mas não chega à raiz do problema que queremos enfrentar. O recurso de Polanyi a Aristóteles, apresentado como partidário da visão substantiva de economia, poderia ter-lhe sugerido um passo a mais. Para Aristóteles, o homem é um ser autossuficiente como qualquer outro animal. Tanto quanto os animais, os homens encontram seu sustento naturalmente no meio ambiente.

O desejo de abundância material e de prazeres físicos provém de uma ideia equivocada de boa vida, cujo verdadeiro elixir não pode ser acumulado, nem fisicamente possuído. A economia de Aristóteles preocupa-se com a vida doméstica (*oikos*) e com a vida pública (*polis*), que concerne à relação das pessoas que compõem, respectivamente, a instituição da família e a instituição da comunidade, cujos membros são ligados por laços de afeição (*philia*). A economia instituída está condicionada à preservação desses laços.

"A ênfase é completamente institucional e, apenas até certo ponto, ecológica, relegando a tecnologia à esfera subalterna dos conhecimentos úteis."[104] Polanyi sabe que Aristóteles, ao contrário dos formalistas que postulam a escassez, não vê margem para ela no mundo antigo. Ele sabe também que isso só acontece pelo fato de Aristóteles naturalizar as relações escravistas de produção: a natureza, da qual o escravo faz parte, provê o sustento da comunidade.

A escassez, contudo, está "lá", na negação do escravo como pessoa. A dimensão "até certo ponto ecológica" do pensamento econômico de Aristóteles não se sustenta e é justamente a transição da dimensão ecológica para a dimensão econômica, ausente da análise de Polanyi, que cabe investigar, valendo-nos da contribuição de Sahlins.

Sahlins, a princípio, aceita o debate com os formalistas nos seus próprios termos, sem desafiar o entendimento de economia como a relação entre meios e fins. Ele parte, assim, da premissa básica de que os seres humanos podem satisfazer suas necessidades produzindo mais ou desejando menos. Satisfeitas nossas irreprimíveis necessidades biológicas, podemos nos dedicar ao ócio, ao lazer, aos jogos, ao teatro, à política, à religião etc., com a vantagem de que o avanço tecnológico próprio da ação humana pode liberar cada vez mais tempo para atividades não econômicas.

A economia é, tanto quanto a arte, a política e a religião, uma categoria da cultura. Não é preciso recorrer ao substantivismo para afirmá-lo. Note-se que isso nada tem a ver com o julgamento da conveniência da adoção de regras de mercado para regular as atividades estritamente econômicas; menos, ainda, com a avaliação das consequências sobre o sistema de necessidades da transformação de terra e trabalho em mercadoria.

Hoje, temos necessidades que os antigos jamais imaginaram. Ao contrário dos outros animais, os seres humanos têm necessidades bastante elásticas que podem se expandir de maneira ilimitada. E se o critério para medir a afluência de uma sociedade for, não a quantidade, mas a proporção de desejos satisfeitos, uma horda de caçadores pode ser mais afluente do que uma sociedade industrial moderna.

No prefácio à nova edição do livro de Sahlins, David Graeber afirma, de modo provocativo:

> A vida no Paleolítico — que, no fim das contas, abarca pelo menos 90% da história humana — não era uma luta pela sobrevivência. Na verdade, na maior parte de nossa história, a humanidade levou uma vida de grande abundância material. Isso porque "abundância" não é uma medida absoluta; ela diz respeito a uma situação

> em que se tem acesso fácil a grandes quantidades das coisas que você quer ou de que você acha que precisa. Quanto às suas necessidades, os caçadores-coletores eram, em sua maioria, ricos. E mais importante: sua carga horária de trabalho daria inveja a qualquer escravo assalariado dos dias de hoje.[105]

Deixando de lado a dificuldade enfrentada por Sahlins ao comparar épocas tão distantes e conceitos tão abstratos e difíceis de mensurar como satisfação, riqueza ou felicidade, não me parece exagero afirmar que a revolução neolítica representa, de certa maneira, a passagem do homem de um plano ecológico para um plano econômico, por meio de um processo gradual de desnaturalização. O homem toma distância da natureza; objetifica-a. Isso não quer dizer, bem entendido, que o homem paleolítico não tinha uma cultura, mas sim que cultura e natureza não estavam em oposição como polos de uma relação. Talvez fosse o caso de afirmar, em linha com o perspectivismo* ameríndio, a ocorrência de um processo gradual de desumanização da natureza. Antes dessa passagem, a cultura estava lá, o sujeito estava lá, o espírito estava lá, porque a linguagem simbólica estava lá, mas apenas no nível da pressuposição; cultura e natureza como parte de um mesmo campo sociocósmico, indissociadas. A cisão entre as séries paradigmáticas que hoje se opõem ainda não se consumou, ainda não está posta; os pares subjetivo e objetivo, altruísmo e egoísmo, espírito e corpo, cultura e natureza etc. ainda não se constituíram. *Nesse contexto*, faz mais sentido falar em multinaturalismo do que em multiculturalismo. Só quando esses pares se constituem, por obra da revolução neolítica, o pensamento pode oscilar "entre o monismo naturalista (de que a sociobiologia e a psicologia evolucionária são dois dos avatares atuais) e o dualismo ontológico natureza/cultura (de que o culturalismo ou a antropologia simbólica são algumas das expressões contemporâneas)".[106]

A posição dessas dualidades ganha expressão na mitologia. Os mitos são, a um só tempo, expressão da unidade homem-natureza e narrativa da sua dissolução. A mitologia conta a *história* da naturalização ou dessubjetivação da natureza: ela *põe* a natureza, rompe com a magia e inicia a *Aufklärung*.* Vítimas do esclarecimento, os mitos já são produto do próprio esclarecimento. Mas que *história* a mitologia conta? No que consiste, afinal, a revolução neolítica?

A economia primitiva das trocas

De Gordon Childe a Jared Diamond, passando por Robert Braidwood, arqueólogos e geógrafos põem ênfase no processo de domesticação da natureza, enaltecendo a agricultura e a pecuária, tomadas como ponto de viragem da revolução neolítica. O nomadismo dá lugar ao sedentarismo; a seleção natural dá lugar à seleção "artificial". Contudo, em primeiro lugar, cabe ressaltar, por um lado, que a agricultura e a pecuária não são, originalmente, atividades sedentárias. O esgotamento dos solos e das pastagens exige mobilidade até muito depois do aparecimento da domesticação de plantas e animais.

Por outro lado, tribos de caçadores — e sobretudo de pescadores — puderam se fixar, de modo muito precoce, em aldeias permanentes, com casas típicas de populações sedentárias. Em segundo lugar, a agricultura e a pecuária não são atividades exclusivamente humanas. Formigas americanas e cupins africanos cultivam fungos. As formigas cortadeiras, por exemplo, cujas colônias atingem 2 milhões de indivíduos, formam ninhos subterrâneos gigantescos.

Nas profundezas desses sítios escavados, semeiam fungos adubados com um composto de folhas mastigadas por elas próprias, mas não ingeridas. Uma atividade agrícola como outra qualquer. As formigas, assim como cultivam fungos, criam afídeos (pulgões). Os afídeos são mais eficientes em sugar a seiva das plantas do que em digeri-la, dada a enorme concentração de açúcares na seiva, comparativamente à de compostos azotados de que necessitam. Eles acabam por excretar um líquido rico em açúcares, a melada, com alto valor nutricional, que as formigas apreciam.

Elas, por sua vez, os ordenham, roçando seu corpo com as antenas e as patas, e os protegem, compensando a perda da capacidade de defesa decorrente do processo de "domesticação". Uma típica atividade de criadores de "vaca-das-formigas", como são chamados os afídeos.

Jogo luz sobre esses fenômenos exóticos e aparentemente pouco significativos apenas para chamar a atenção para o fato de que, na natureza, a cooperação entre espécies, o mutualismo, é acontecimento absolutamente trivial e não pressupõe nenhum processo de objetificação. Nesse sentido, não há nada de artificial na domesticação de plantas e animais por parte do ser humano. É muito pouco provável que o processo de objetificação da natureza seja decorrência de uma atividade prática, isto é, do mero intercâmbio entre espécies, ainda que uma delas seja o ser humano. A própria magia (que não é religião) visa fins práticos, como notou Marcel Mauss, por meio de um intercâmbio mimético com a natureza, sem dela tomar distância, como faz a ciência.

Quero dizer que se os pressupostos deste estudo estiverem corretos, o primeiro objeto do ser humano foi outro ser humano, um ser humano dessubjetivado, desumanizado. A alienização e a despessoalização a que já me referi estão inscritas no próprio mito. Os cantos de Homero e os hinos do Rigveda, expressões literárias tardias de padrões históricos remotos, narram os processos de alienização e despessoalização que se realizam pela subjugação de uma tribo por outra, pondo fim ao nomadismo pela instauração de uma ordem social sobre a base da propriedade territorial.

Volto a Sahlins para tratar de um tema que deixará nosso ponto de vista mais claro: a reciprocidade. Sahlins revê o esquema de Polanyi. Para ele, as transações econômicas no registro etnográfico dividem-se em dois tipos: movimentos recíprocos entre apenas duas partes simétricas, comumente chamados de reciprocidade; movimentos centralizados, em que é feita a coleta sob o controle de um centro (*centricity*) para posterior redivisão dentro do grupo — o que pode ser entendido como um *sistema* de reciprocidades. A redistribuição, como sistema de reciprocidades, é, assim, uma forma de integração que regula as relações econômicas circulares *dentro de um grupo.* A reciprocidade, em sentido estrito, é uma forma de integração que regula as relações simétricas de mão e contramão *entre grupos distintos.*

Reciprocidade, portanto, é um contínuo de formas em que

> em uma ponta do espectro temos a assistência que se dá gratuitamente, a moeda pequena da afinidade cotidiana, da amizade, das relações de vizinhança, "o dom puro", no dizer de Malinowski, quando uma estipulação direta de algum retorno seria impensá-

> vel e antissocial. Na outra ponta, o confisco egoísta, a apropriação pelo embuste ou pela força, retribuída apenas por um esforço oposto da mesma magnitude, sob o princípio da *lex talionis*, a "reciprocidade negativa", como Gouldner apresenta o problema. Os extremos são claramente positivos e negativos num sentido moral. Os intervalos entre eles não representam apenas um certo número de gradações do equilíbrio material em jogo; são intervalos de sociabilidade. A distância entre os polos de reciprocidade é, entre outras coisas, uma distância social.[107]

Sahlins, então, propõe uma tipologia de reciprocidade dividida em três partes, de acordo com a distância social entre os grupos sociais, representadas pelos dois extremos e o ponto intermédio: o extremo solidário, caracterizado por transações de assistência mútua e altruístas, num ambiente de reciprocidade generalizada onde se encontram aqueles que a cultura define como parentes (*kin*); o ponto intermédio, marcado por trocas equilibradas de mais ou menos o mesmo tipo de bens em montantes aproximados, num ambiente de reciprocidade balanceada entre "amigos"; e o extremo insociável, definido pela reciprocidade negativa, em que os participantes não parentes ("não parente — outras pessoas, talvez nem sequer 'pessoas'") confrontam-se com interesses opostos em busca de vantagens utilitárias.

Faço as seguintes objeções a Sahlins, as quais se aplicam também a Polanyi. Quanto a um dos extremos, o da reciprocidade generalizada, o próprio Polanyi afirmou que a atividade mais simples, a caça em cooperação, está baseada na redistribuição como forma de integração do grupo; faltou reconhecer, entretanto, que ela se verifica igualmente nas atividades de caça de uma alcateia. Não estamos falando de economia propriamente dita, pelo menos não como categoria da cultura; o altruísmo recíproco, como já vimos, é uma das formas de interação animal cooperativa.

Quanto ao outro extremo, o da não reciprocidade, Sahlins não percebe que só é cabível falar de um contínuo de formas de reciprocidade até certo ponto. A não reciprocidade não é um polo extremo da reciprocidade, é sua negação. Há aqui uma diferença de qualidade, não de grau. Há, de fato, contradição, razão pela qual ele chega a tratar *nonkin* como *nonpeople*. Ora, a economia não é outra coisa senão a relação entre *people* e *nonpeople*, grupos humanos e "aliens", não entre homem e natureza. Esta nossa objeção a Sahlins será, inclusive, estendida, oportunamente, ao próprio Marx.

Duas passagens citadas por Sahlins deveriam ter-lhe provocado alguma dúvida: 1) "Ao estranho poderás emprestar valendo-se de usura; mas ao teu irmão não emprestarás com usura" (Deuteronômio, 23,21); 2) "o ganho às custas de outras comunidades, particularmente comunidades distantes, e mais especificamente aquelas tais que percebemos como estrangeiras, não é odioso aos padrões dos usos e costumes nativos" (Veblen).

Essas passagens deixam claro que, assim como a mitologia, a economia também nasce da não reciprocidade entre grupos humanos simbolicamente apartados. A carência religiosa e a carência econômica são faces da mesma moeda, cunhada pelo terceiro excluído enquanto formação simbólica "estrangeira" às relações diádicas, mas que, por contradição, as estrutura; são-lhes constitutivas a partir de fora. Se devemos invocar "algo por trás" das relações diádicas, esse algo é certamente alienígena, simbólico e dinâmico. Nesse sentido, a economia, propriamente dita, já é desde os seus primórdios *economia nacional* ou tribal, como sabiam os principais economistas políticos do Iluminismo até Smith, List e Roscher.

A economia e a religião derivam da revolução neolítica e revoluem de forma interdependente. Não encontraremos nos genes humanos, portanto, o "instinto tribal" e o "instinto religioso", como pretende a psicologia evolutiva; as carências correspondentes a esses "instintos" se manifestam noutra dimensão, no plano de uma segunda natureza criada por símbolos. A linguagem simbólica, ela sim, mas só ela, é, indubitavelmente, um produto da evolução natural que desencadeia um processo cultural revolutivo que não segue a lógica da evolução natural.

Não falamos ainda do ponto intermédio do modelo de Sahlins, equidistante dos extremos. O que se passa ali e a que se presta? Talvez possamos, à luz do que foi dito, reinterpretar algumas cerimônias arcaicas que receberam grande atenção da antropologia. Pretendendo seduzir os biólogos para nossa tese, recorremos a uma analogia: a espécie humana é uma superespécie, do ponto de vista biológico, composta de semiespécies, do ponto de vista cultural. À diferença da biologia, contudo, quando uma semiespécie cultural completa o processo de especiação, produz-se contradição, e não diferença. A especiação cultural não produz uma nova espécie biológica, mas um cisma cultural no seu interior.

A contradição, fato estranho à natureza, é uma possibilidade incrustada na linguagem que se realiza no plano simbólico pelo processo de alienização. E, segundo minha avaliação, o ponto intermédio representa justamente o lugar em que se manifestam e se atenuam as tensões entre as semiespécies culturais para impedir que se desgarrem. É o lugar da dádiva, e a dádiva é o fato social total, o *potlatch*,* que impede a consecução do processo de alienização.

Uma primeira característica, notada por Mauss, é que a dádiva é uma relação entre grupos, e não entre indivíduos. Isso significa muito. As partes envolvidas são distintos coletivos morais — famílias, clãs e até tribos (*potlatch* intertribal) — que se enfrentam e se opõem, trocando (e destruindo) bens e riquezas, de um lado, e amabilidades, festas, mulheres e serviços militares, de outro. Recusar-se a dar, recusar-se a receber, equivale a recusar-se à aliança e à comunhão. O fluxo é tanto genético quanto simbólico, tanto natural quanto cultural. O *potlatch*, além disso, não apenas visa produzir efeitos sobre homens que, na busca da paz, "rivalizam" em generosidade e desprendimento, como também sobre a natureza e os espíritos, para que continuem a prover abundância.

O *potlatch* previne a alienização justamente para que as carências, econômica e religiosa, não se imponham. Daí a tensão permanente do encontro: os grupos confraternizam e no entanto permanecem estranhos; temor e generosidade exagerados numa "guerra" cujo propósito não é a subjugação, mas a comunhão. Daí o fato de que os incipientes elementos econômicos e religiosos estejam indissociados nesses encontros e de que as atividades econômicas, impregnadas de ritos e de mitos, tenham uma natureza híbrida, entre a prestação puramente livre e gratuita e a troca e a produção puramente interessadas pelo útil.

Só num outro contexto, segundo Mauss, os romanos e os gregos

> separaram a venda da dádiva e da troca, isolaram a obrigação moral e o contrato, e sobretudo conceberam a diferença entre ritos, direitos e interesses. Foram eles que, por uma verdadeira, grande e venerável *revolução*, ultrapassaram uma moralidade envelhecida e uma economia da dádiva demasiado incerta, demasiado dispendiosa e suntuária, atulhada de considerações de pessoas, incompatível com um desenvolvimento do mercado, do comércio e da produção, e, no fundo, na época, *antieconômica*.[108] (Grifos meus)

A essa altura, todavia, a revolução neolítica já havia se completado, nosso bimotor estava em pleno voo e a contradição já havia se estabelecido, fruto da alienização e posterior subjugação de uma comunidade por outra.

Alienação e materialismo

Analogias são expedientes com frequência empobrecedores que exigem cuidado. A alienização a que nos referimos talvez ganhe mais clareza se a situarmos em relação à tradição filosófica. O debate sobre a alienação, que envolveu Hegel, Feuerbach e Marx, por si, exigiria um trabalho à parte, desnecessário diante do volume de teses já produzidas sobre a matéria. Um breve apontamento sobre o tema, contudo, talvez seja suficiente para distinguir a abordagem desse estudo e lhe dar maior robustez. A digressão que se segue exige alguma familiariedade com a filosofia alemã. Ela não é imprescindível para a compreensão do argumento deste livro, a não ser em relação a Karl Marx e à crítica feita a ele por Marshall Sahlins, apresentada na sequência.

De maneira esquemática, podemos dizer que a diferença entre os três autores citados quanto à questão da alienação é a sua "localização" no esquema geral do pensamento de cada um: em Hegel, a alienação diz respeito à relação entre Criador e criatura, o mundo "criado" entendido como o Espírito alienado de si que, pelo trabalho intelectual, retorna a si, dialeticamente; em Feuerbach, a alienação diz respeito à relação do homem com o "Criador", mas como projeção do homem alienado de si mesmo que cai em si a partir da crítica materialista da religião; e, em Marx, a alienação diz respeito à relação do homem com a natureza, mediada pelo trabalho que, libertado das amarras de uma sociedade de classes, promoverá uma reconciliação dialética. No idealismo de Hegel e no materialismo de Marx, o processo é histórico e contraditório. O materialismo de Feuerbach é contemplativo e, por assim dizer, inativo.

A filosofia de Hegel é teológica e teleológica. A contradição, banida da mitologia pela lógica — lógica como pensamento puro, exteriorizado, que faz abstração da natureza e do ser humano — só reaparece na filosofia hegeliana, que nada mais é do que a religião trazida para o pensamento (teologia), como momento suprassumido (teleologia) da fenomenologia do espírito, como negação da negação. Hegel, na visão de Feuerbach, parte do infinito, do abstratamente universal, da religião (tese), para em seguida negá-la, pela afirmação do finito, do particular, do real (antítese) e, posteriormente, voltar a afirmá-la, como negação da negação, repondo a religião (síntese).

Feuerbach, por sua vez, compreende a negação da negação não como movimento, mas somente como contradição "formal" da religião consigo mesma, e sua leitura particular da dialética hegeliana o leva a desconsiderar o lado ativo do idealismo, justamente o lado valorizado por Marx. Hegel, entretanto, quer salvar Deus da filosofia pela filosofia, em especial do que ele interpreta como "panteísmo" de Bento de Espinosa, o que o impele a recorrer à contradição como princípio motor e gerador apenas para dissolvê-la na reconciliação final promovida pelo *trabalho espiritual* (o único que Hegel reconhece), do qual sua filosofia é a última palavra, e a filosofia precedente, momentos isolados do pensamento.

O idealismo hegeliano, portanto, não abstrai a natureza e o ser humano, a objetividade, mas os toma como exteriorização do espírito alienado *na* objetividade que, pelo saber, como único comportamento ativo, suprassume a exteriorização e recupera *dentro de si* a objetividade. O saber opôs a si uma nulidade (nulidade porque, fora do saber, não há objetividade), algo que tem apenas *aparência* de objeto, mas que é a exteriorização do próprio saber.

Se Hegel recorre à contradição para se afastar da identidade panteísta, que afirma a objetividade pela supressão do sujeito — uma espécie, portanto, de ateísmo invertido —, Feuerbach, em chave materialista, vê o panteísmo como corolário da razão que afasta o antropoteísmo da religião: "A razão é uma entidade universal, panteísta, o amor ao universo; mas a qualidade característica da religião, e em especial da cristã, é que ela é uma entidade inteiramente antropoteística, o amor exclusivo do homem por si mesmo, a afirmação exclusiva da essência humana subjetiva".[109]

A religião nada mais faz do que retirar as qualidades essenciais de dentro do próprio homem, abstraído das suas limitações individuais, e divinizá-las, reunindo-as num único ser, como no monoteísmo, ou mantendo-as separadas em seres distintos, como no politeísmo. O desenvolvimento das religiões segue o curso do desenvolvimento das culturas, processo em que as religiões menos antigas têm as mais antigas por idolatria. O que antes era adorado passa a ser considerado humano pela religião posterior, que, por adorar outro objeto, julga-se, erroneamente, isenta das leis necessárias que fundamentam todas as religiões, distintas entre si apenas porque distintos são os povos que as concebem e as virtudes que cada um deles mais valoriza.

Entretanto, a religião, invariavelmente, é a cisão do homem consigo mesmo, com sua própria essência, uma vez que Deus é a essência do homem, que n'Ele projeta e objetiva a si mesmo, e a consciência de Deus é a consciência primeira e indireta que o homem tem de si. A unidade com o homem é, a propósito, a própria condição da divindade. Um ser que não possui inteligência pessoal, consciência pessoal, não é Deus para o homem, assim como um ser sem asas jamais poderia ser Deus para um pássaro.

O conceito de divindade é, portanto, dependente do conceito de personalidade, mas uma personalidade cuja existência está fora e acima do homem, como outro ser, como personalidade sobre-humana essencialmente diversa da nossa, qualidade através da qual o homem transforma a sua própria essência alienada numa essência estranha de si. Somente quando os predicados de Deus são pensados de modo abstrato pela filosofia surge a distinção entre existência e essência e firma-se a ilusão de que um sujeito metafísico desantropomorfizado, essência objetiva da razão, é outra coisa que não seus predicados.

Ora, em Hegel, e aqui reside, aos olhos de Feuerbach, o principal problema da sua filosofia, a consciência que o homem tem de Deus é a autoconsciência de Deus; então a consciência humana é por si a consciência divina:

> Por que então alienas do homem a sua consciência e a transformas na autoconsciência de um ser diverso dele, de um objeto? Por que atribuis a essência a Deus, mas ao homem só a consciência? Deus tem a sua consciência no homem e sua essência em Deus? O saber que o homem tem de Deus é o saber que Deus tem de si? Que cisão e contradição! Invertas e terás a verdade: o saber que o homem tem de Deus é o saber que o homem tem de si, da sua própria essência.[110]

Para fundar o materialismo, Feuerbach vira Hegel de pernas para o ar e toma a religião como mera projeção do homem alienado; mas, ao fazê-lo, toma a realidade e o mundo sensível não como produto histórico, não como *atividade sensível humana*, mas como forma do objeto ou da contemplação passiva. Para Marx,

> Feuerbach tem em relação aos materialistas "puros" a grande vantagem de que ele compreende que o homem é também "objeto sensível"; mas, fora o fato de que ele apreende o homem apenas como "objeto sensível" e não como "atividade sensível" — pois se detém ainda no plano da teoria —, e não concebe os homens em sua conexão social dada, em suas condições de vida existentes, que fizeram deles o que eles são, ele não chega nunca até os homens ativos, realmente existentes, mas permanece na abstração o "homem" e não vai além de reconhecer no plano sentimental o "homem real, individual, corporal", isto é, não conhece quaisquer outras "relações humanas" "do homem com o homem" que não sejam as do amor e da amizade, e ainda assim idealizadas.[111]

Ao dissolver teoricamente a essência religiosa na essência humana, Feuerbach não nota que a essência humana é o conjunto das relações sociais, e o sentimento religioso, um produto social; a autoalienação religiosa não é uma abstração intrínseca ao homem genérico, pois os indivíduos pertencem a formas históricas particulares de sociedade. O materialismo meramente contemplativo não compreende que não basta dissolver o mundo religioso no seu fundamento mundano, mas que o fundamento mundano ele mesmo só pode ser verdadeiramente apreendido a partir das suas contradições materiais.

A grandeza de Hegel, segundo Marx, consiste justamente em tomar a autoprodução do homem como um processo em que ele é resultado do seu próprio trabalho, ainda que apreenda o trabalho apenas como essência do homem que se confirma, não como trabalho alienado. Essa é a dimensão ativa, contraditória, abstratamente desenvolvida pelo idealismo hegeliano, que Marx retém para formular o novo materialismo. Para ele, a autoprodução do homem aparece imediatamente tanto como relação natural, relação do homem com a natureza, quanto como relação social, relação dos homens entre si, uma vez que pressupõe a cooperação de vários indivíduos.

A linguagem, expressão material do espírito enquanto consciência real, prática, que existe para os outros e para si, nasce da necessidade da interação humana. A consciência (que toma o lugar do instinto ou é um instinto consciente) é, desde o início, ao mesmo tempo, consciência da natureza que se apresenta aos homens como um poder estranho, onipotente e inabalável, com o qual os homens se relacionam de um modo animal, e consciência gregária, diante da necessidade de os homens formarem vínculos com aqueles com quem convivem. Essa consciência gregária ou tribal se desenvolve de modo contínuo com o aumento da produtividade, o incremento das necessidades e o aumento da população.

Abre-se espaço para o desenvolvimento da divisão do trabalho, inicialmente decorrente apenas de dotes naturais, sexuais inclusive, em direção à divisão entre trabalho material e trabalho intelectual, que estabelece finalmente uma relação alienada dos homens com o produto do seu trabalho. Só a partir daí a consciência está em condições de se emancipar do mundo e se lançar à elaboração da teoria, da teologia, da filosofia, da moral etc. puras. "Mas mesmo que essa teoria, essa teologia, essa filosofia, essa moral etc. entrem em contradição com as relações existentes, isto só pode se dar porque as relações sociais existentes estão em contradição com as forças de produção existentes."[112]

Para Marx, por meio do desenvolvimento das forças produtivas e das relações sociais de produção correspondentes, os homens se opõem à natureza como uma das forças que a constituem, adequando-a a seus próprios desejos e, ao mesmo tempo, transformando a sua própria natureza enquanto homens. Como todo organismo vivo, o homem é um ser corpóreo, sensível, que sofre, que padece, dependente e limitado como qualquer planta ou animal.

> Mas o homem não é apenas ser natural, mas ser natural *humano*, isto é, ser existente para si mesmo, por isso, *ser genérico*, que, enquanto tal, tem de atuar e confirmar-se tanto em seu ser quanto em seu saber. Consequentemente, nem os objetos *humanos* são os objetos naturais assim como estes se oferecem imediatamente, nem o *sentido humano*, tal como *é* imediata e objetivamente, é sensibilidade *humana*, objetivamente humana. A natureza não está,

> nem objetiva nem subjetivamente, imediatamente disponível ao ser *humano* de modo adequado.[113]

Estaria a natureza imediatamente disponível aos organismos não humanos de modo adequado? A questão não se coloca. Os organismos não humanos não são seres para si. Eles têm necessidades biológicas e não carências e desejos que são próprios de um animal simbólico para quem a natureza, tomada de maneira abstrata, isolada, nada significa. O próprio trabalho é atividade simbólica — pressupõe a linguagem humana, portanto — que imprime à natureza um projeto que se tinha consciente e conceitualmente em mira, que já existia idealmente, portanto, na cabeça de quem o concebeu.

E a linguagem, segundo Marx, tal como a consciência, nasce da necessidade de intercâmbio do homem com outros homens. Nossas carências e desejos, por sua vez, não têm relação com os objetos que servem a sua gratificação, mas têm origem na cultura e é em relação a ela que os medimos. Desse ponto de vista, todas as carências e desejos são simbólicos, derivados das relações diferenciais entre pessoas. Até mesmo o que uma sociedade entende por nível de subsistência é determinado não apenas pela biologia, mas também por razões de ordem cultural, histórica e moral, como Marx reconhece textualmente em *O capital*.

Entretanto, como lamentou Sahlins em *Cultura e razão prática*, há um segundo aspecto na teoria marxista que se tornou dominante. Desta outra perspectiva, a mediação histórica entre homem e natureza não é feita pela cultura; ao contrário, a cultura aparece mais como consequência do que como estrutura da atividade produtiva, metamorfoseando o materialismo no reverso do cultural. Sahlins identifica duas vulnerabilidades inter-relacionadas no materialismo histórico.

A primeira vulnerabilidade deriva do fato de que Marx alarga o conceito de produção a tal ponto que ele passa a envolver não apenas a produção material em sentido estrito, o intercâmbio do homem com a natureza, mas a produção da estrutura institucional na qual a produção tem lugar, o intercâmbio dos homens entre si. O homem produz as forças produtivas e as relações de produção que constituem a base econômica, bem como a superestrutura jurídica e política que se eleva sobre ela e à qual correspondem determinadas formas filosóficas, religiosas e artísticas de consciência social.

Em comparação com a moderna teoria econômica neoclássica, a vantagem dessa formulação é notável. Como observou Douglass North,

> a concepção inicial de Marx sobre as forças produtivas (com o que ele comumente se referia ao estado da tecnologia) em conjunto com as relações de produção (com o que ele se referia a certos aspectos da organização humana e particularmente aos direitos de propriedade) foi uma tentativa precursora de integrar os limites e as restrições da tecnologia aos da organização humana.[114]

Entretanto, no que concerne à antropologia, o distanciamento não poderia ser maior, uma vez que a cultura, nessa formulação, encontra-se totalmente subsumida ao paradigma da produção. Em especial no famoso prefácio à *Contribuição à crítica da economia política*, o materialismo histórico estabelece uma relação, em grande medida determinista, entre a base econômica e as formas ideológicas da consciência social.

Como adverte Sahlins, produz-se uma verdadeira reviravolta: "Opondo-se a uma posição do próprio Marx de que os homens transformam a natureza, produzem de acordo com um constructo, toda a concepção tende agora a ser banida da infraestrutura para reaparecer como o constructo de suas transformações materiais".[115]

A segunda vulnerabilidade, mais difícil de enfrentar, deriva do fato de que o paradigma da produção está embasado exclusivamente no trabalho. Segundo Sahlins, "o embasamento decisivo do materialismo histórico no trabalho, e do trabalho em suas especificações materiais, retira à teoria suas propriedades culturais e a abandona ao mesmo destino do materialismo antropológico".[116] Tomando o trabalho como mediador entre a subjetividade humana e o mundo objetivo, Marx faz da cultura uma consequência da natureza das coisas, erigida sobre a facticidade da natureza e dos meios técnicos. Em *Miséria da filosofia*, por exemplo, Marx afirma que

> as relações sociais estão intimamente ligadas às forças produtivas. Adquirindo novas forças produtivas, os homens transformam o seu modo de produção e, ao transformá-lo, alterando a maneira de ganhar a sua vida, eles transformam todas as suas relações sociais. O moinho movido pelo braço humano nos dá a sociedade com o suserano; o moinho a vapor nos dá a sociedade com o capitalista industrial. Os mesmos homens que estabeleceram as relações de acordo com a sua produtividade material produzem, também, os princípios, as ideias, as categorias conforme as suas relações sociais. Assim, estas ideias, estas categorias são tão pouco eternas quanto as relações que exprimem. Elas são produtos *históricos e transitórios*.[117]

Passagens como esta, como o próprio Sahlins reconhece, podem ser relativizadas por outras que caminham em sentido contrário. Tanto é assim que Sahlins fala em dois marxismos, sem identificar exatamente onde se encontra o nó da questão. Com efeito, para Marx o trabalho não é uma categoria puramente instrumental, como na leitura francamente equivocada que Habermas faz de Marx; para Marx, o trabalho humano possui uma óbvia dimensão intersubjetiva. A cooperação consciente entre os homens, desde a comunidade primitiva, é a base do trabalho, da linguagem e da própria propriedade da terra como laboratório primordial. Não reside aqui o problema. *A questão crucial é que, para o materialismo histórico, a linguagem, muitas vezes, aparece como uma categoria instrumental.*

Nesta direção, Marx escreve:

> Homens e animais também aprendem a distinguir "teoricamente", na totalidade dos objetos externos, aqueles que servem à satisfação de suas necessidades. Em um certo nível de desenvolvimento posterior, com o crescimento e a multiplicação das necessidades e dos tipos de ação necessários para satisfazê-las, os homens deram nomes a classes inteiras desses objetos, já distinguidos de outros objetos com base na experiência. Esse foi um processo necessário, uma vez que, no processo de produção, isto é, o processo da apropriação de objetos, o homem se encontra em uma relação de trabalho contínua uns com os outros e com objetos individuais, também se envolvendo imediatamente em conflitos com outros homens por conta de tais objetos.[118]

Embora Marx não tenha formulado uma teoria da linguagem, a linguagem parece cumprir, no âmbito da sua teoria, um papel funcionalista. Já salientamos que a linguagem, para ele, é pressuposto do trabalho humano: não há trabalho humano sem consciência; e não há consciência sem linguagem. Contudo, é o trabalho humano que cumpre o papel motor e gerador, ativo e criativo do desenvolvimento histórico. "Marx chega desse modo a uma visão truncada do processo simbólico. Ele o apreende apenas em seu caráter secundário de simbolização [...] — modelo de um sistema dado na consciência, embora ignorando que o sistema assim simbolizado é *simbólico em si mesmo.*"[119]

Dito de outra maneira, o materialismo histórico não parte da evidência de que aquilo que distingue os homens de outros animais, sua qualidade única, é justamente o fato de os homens experimentarem o mundo simbolicamente de forma imediata. Sahlins sente-se compelido, portanto, a afirmar que Marx foi um teórico social pré-simbólico. O argumento, inquestionavelmente, deve ser considerado. Contudo, um diálogo profícuo com o materialismo histórico exigiria reconhecer que a antropologia, como disciplina, permanece num estágio pré-dialético.

Marxismo e antropologia

O que isso quer dizer? Seria possível uma antropologia dialética? A atividade simbólica não produz apenas identidade e diferença. A atividade simbólica também produz contradição. Marx, aos meus olhos, parece ter situado a contradição onde ela não está originalmente. A contradição entre homem e natureza não é originária. A afirmação de que "a natureza não está, nem objetiva nem subjetivamente, imediatamente disponível ao ser *humano* de modo adequado" soa incompatível com a evidência empírica do Pleistoceno, que, como notou Graeber, responde por 90% da história humana. Um dos méritos da antropologia (penso em Marcel Mauss e no multinaturalismo de Viveiros de Castro) foi ter desvelado o caráter datado historicamente da relação sujeito-objeto, algo mal compreendido por Heidegger e seus seguidores pós-estruturalistas.

A antropologia foi ainda mais longe ao reconhecer que as relações diádicas não se sustentam por si mesmas. Elas carecem de um terceiro elemento, que Lévi-Strauss, por exemplo, foi buscar, de modo equivocado, na *estrutura* inconsciente. Entretanto, faltou à antropologia estrutural, no meu entendimento, um passo a mais: incorporar a contradição ao seu repertório. Faltou compreender a relação entre o advento da linguagem simbólica e sua relação com a temporalidade.

É o símbolo que liberta o homem da imediatez, da qual todos os organismos não humanos são prisioneiros, e lhe permite *projetar-se*. Sem símbolo, não há projeção; sem projeção, não há contradição. O símbolo suspende o tempo, criando uma nova temporalidade; transforma o presente de simples instante em ponto de referência do passado e do futuro. E o que vale para o indivíduo, vale mais ainda para o grupo com cujos membros o tempo histórico tece a rede simbólica de relações que os une em torno de uma cultura particular com fisionomia, idiossincrasia e projeção próprias e, eventualmente, antagônicas.

O que significa dizer que a linguagem simbólica produz contradição? Como situar essa proposição em relação às teorias da alienação discutidas? Tomemos uma última citação dos *Manuscritos de Paris*:

> a religião, a riqueza etc. são apenas a efetividade estranhada da objetivação *humana*, das forças essenciais *humanas* nascidas para a obra e, por isso, apenas o *caminho* para a verdadeira efetividade *humana* — esta apropriação ou apreensão neste processo aparece para Hegel, por isso, de modo que *sensibilidade, religião*, poder do Estado etc. são seres *espirituais* —, pois apenas o *espírito* é a *verdadeira* essência do homem, e a verdadeira forma do espírito é o espírito pensante, o espírito lógico, especulativo. A *humanidade* da natureza e da natureza criada pela história, dos produtos do homem, aparece no fato de estes serem *produtos* do espírito abstrato e nessa medida, portanto, momentos *espirituais, seres de pensamento*.[120]

Ora, Hegel situa a contradição na relação entre o Espírito e a natureza. O idealismo hegeliano, como dissemos, toma a natureza e o ser humano como exteriorizações do espírito alienado *na* objetividade que, pelo saber, suprassume a exteriorização e recupera a objetividade *dentro de si*. Se, agora, situarmos a contradição, como sugerimos, não entre o espírito e sua exteriorização, mas na relação dos *espíritos humanos* (culturas) entre si (daí o recurso ao *Unheimliche* de Freud), essa mesma passagem dos *Manuscritos* ganha novo significado.

A economia e a religião passam a ser expressão da alienização entre culturas, mediada pela linguagem. Os fenômenos analisados por Feuerbach e Marx passam a ser vistos como fenômenos derivados de um processo mais fundamental, no qual a linguagem recupera sua precedência, sem recair no idealismo e, na condição de princípio motor e gerador, sem prescindir da contradição, ausente do materialismo contemplativo.

Mantemo-nos, portanto, no campo do materialismo histórico, incorporando a perspectiva da antropologia. Do seu lado, a antropologia ganha um argumento, a dialética, que, incorporada ao seu repertório, impede leituras biologizantes da cultura. Antropologizar o materialismo e dialetizar a antropologia: é esta a proposta deste livro.

Cabe-nos fazer um último apontamento, importante para nossa argumentação, sobre o materialismo histórico. O marxismo tem o grande mérito de apresentar uma leitura até certo ponto "antropológica" da Revolução Industrial, embora não o tenha feito quanto à revolução neolítica. Explico-me. Assim como arqueólogos e geógrafos tendem a considerar a domesticação de plantas e animais o fator determinante da revolução neolítica, os economistas puros tendem a considerar a introdução da máquina o fator determinante da Revolução Industrial.

Hicks, por exemplo, afirma que "quando o capital fixo se desloca, ou começa a deslocar-se, para uma posição central [...] acontece a 'revolução'".[121] É claro que esses mesmos economistas reconhecem os efeitos da introdução da máquina sobre as relações de trabalho. Segundo Hicks, há, historicamente, duas formas de adquirir trabalho: comprando o trabalhador de maneira direta, na condição de escravo, ou alugando os seus serviços, na condição de trabalhador assalariado. A máquina, que afetou a agricultura e a mineração tanto quanto a indústria, favoreceu a substituição do trabalho escravo pelo "trabalho livre" justamente porque, nas novas condições, o trabalho assalariado se tornou mais barato.

Marx enxerga nesse processo algo muito mais radical. Dissemos que a revolução neolítica, de certa forma, estabelece a relação sujeito-objeto. O processo de alienização das culturas é o processo de objetificação da natureza. As carências econômicas (e religiosas) nascem desse estranhamento. De outro lado, a menos que se imaginem os homens vendendo a si próprios como escravos, a escravidão primordial não pode ser fruto do comércio.

A escravidão ocorre pela subjugação de uma comunidade por outra, que reduz os dominados a parte das condições inorgânicas da reprodução dos seus senhores, situação em que a alienização, internalizada, se converte em despessoalização. Só a partir daí a compra e a venda de escravos são possíveis. De outro lado, a locação dos serviços do trabalhador só é possível quando ele é libertado da escravidão, mas se mantém desprovido de meios de produção: livre do senhor e despossuído da terra e dos instrumentos de trabalho. Nesse caso, aluga a si próprio.

Nos termos de Hicks, podemos afirmar que a subjugação do trabalhador assalariado é diferente da subjugação do escravo na mesma medida em que a locação é diferente da compra, com a diferença de que a locação do trabalhador por ele mesmo aparece como ação livre e espontânea, sem coação. Muda a forma como se dá a despessoalização.

A transformação do trabalho em mercadoria, sem dúvida, traz um grande impacto cultural, sobre o qual muito já se disse; mas mudança tão importante como essa ocorre em outro lugar: a Revolução Industrial também altera a relação dos "novos senhores" entre si. Inicialmente, ainda no período protoindustrial, a indústria é instalada no campo, valendo-se do tempo livre da família camponesa justamente para contornar as regras não concorrenciais das corporações de ofício urbanas cuja produção está voltada para o comércio local.

Com a introdução da máquina, no entanto, o aumento da produtividade do trabalho permite que se produza para o "mercado estrangeiro" em condições inteiramente novas. São vencidos os custos de transporte que, por seu lado, caem, pelo progresso técnico em logística. Cria-se aos poucos um sistema de concorrência em que as unidades produtivas competem entre si por meio da adoção de máquinas cada vez mais eficientes, poupadoras de trabalho. A certa altura, as máquinas passam a ser produzidas por outras máquinas.

O trabalho humano torna-se um apêndice do processo na medida em que o trabalhador apenas complementa os movimentos que a máquina, por limitações tecnológicas, ainda não foi preparada para executar. A cada ciclo de inovação, entretanto, novas operações são mecanizadas, até o limite da automação. Segundo Marx:

> À medida que a grande indústria se desenvolve, a criação da riqueza efetiva passa a depender menos do tempo de trabalho e do quantum de trabalho empregado que do poder dos agentes postos em movimento durante o tempo de trabalho, poder que — sua poderosa efetividade —, por sua vez, não tem nenhuma relação com o tempo de trabalho imediato que custa sua produção, mas que depende, ao contrário, do nível geral da ciência e do progresso da tecnologia, ou da aplicação dessa ciência à produção.[122]

O trabalho assalariado, dessa forma, é continuamente reduzido à pura abstração e se evanesce no processo de produção. Quanto aos proprietários de capital fixo ou seus prepostos (quando aqueles se recolhem ao rentismo), transformam-se, pela concorrência intercapitalista, em suportes do processo de acumulação de capital, que se torna um verdadeiro sujeito automático, um ente metafísico realmente existente, que assume o controle do processo. Tudo às avessas, o objeto assume a posição de sujeito e os sujeitos, a posição de objeto.

Essa inversão provoca uma transição cultural tão importante quanto a revolução neolítica. Se a revolução neolítica inaugura a economia, a Revolução Industrial põe a economia de pernas para o ar. Ainda Marx:

> Em todas as formas, a riqueza aparece em sua figura objetiva, seja como coisa, seja como relação mediada pela coisa, que se situa fora e casualmente ao lado do indivíduo. Desse modo, a antiga visão, em que o ser humano aparece sempre como a finalidade da produção, por estreita que seja sua determinação nacional, religiosa ou política, mostra ser bem superior ao mundo moderno, em que a produção aparece como finalidade do ser humano e a riqueza, como finalidade da produção.[123]

Se as carências econômicas não são mais a finalidade da produção; se a produção é, agora, a finalidade do ser humano, e a acumulação, a finalidade da produção, a dinâmica do sistema implica necessariamente um processo de retroalimentação baseado na criação contínua de novas carências.

> Na economia burguesa — e na época de produção que lhe corresponde —, essa exteriorização total do conteúdo humano aparece como completo esvaziamento; essa objetivação universal, como estranhamento total, e a desintegração de todas as finalidades unilaterais determinadas, como sacrifício do fim em si mesmo

> a um fim totalmente exterior. Por essa razão, o pueril mundo antigo, por um lado, aparece como o mais elevado. Por outro, ele o é em tudo em que se busca a forma, a figura acabada e a limitação dada. O mundo antigo representa a satisfação de um ponto de vista tacanho; ao passo que o moderno causa insatisfação, ou, quando se mostra satisfeito consigo mesmo, é *vulgar.*[124]

No mundo moderno, se quisermos nos valer da terminologia da teoria econômica neoclássica, a utilidade marginal do consumo é crescente, e o consumismo, verdadeira adição, é só uma das muitas consequências dessa mudança de paradigma. De seres humanos não saciados, tornamo-nos seres humanos insaciáveis.

Nessas circunstâncias, soa otimista a tese de que, sob o capitalismo, a dinâmica entre forças produtivas e relações de produção permaneça a mesma daquela observada nas formações econômicas anteriores. A ideia de que, em certo estágio de desenvolvimento, as forças produtivas entram necessariamente em contradição com as relações de produção, as quais se tornam um entrave, dando lugar a novas relações sociais, parece inaplicável diante da nova situação de inversão da relação sujeito-objeto.

A segunda natureza agora está no comando, diante de seres humanos reificados e de uma primeira natureza nulificada; daí, inclusive, as dificuldades de pensar algo como um capitalismo verde ou ecológico. Entre parênteses, vale considerar que a sociologia de Niklas Luhmann, que chegou a essa mesma conclusão, nada mais é do que a tentativa de biologizar e naturalizar esse movimento de inversão da relação sujeito-objeto e nulificação da primeira natureza, por meio da incorporação à teoria dos sistemas do conceito, desenvolvido por Humberto Maturana e Francisco Varela, de autopoiese.*

Não obstante o mérito extraordinário do materialismo histórico em decifrar o real significado da revolução moderna, o fato é que, apesar do brutal desenvolvimento das forças produtivas, não há sinal no horizonte de uma mudança das relações capitalistas de produção, que seguem sendo repostas pelo avanço tecnológico, mesmo quando exacerbam os conflitos distributivos e provocam desequilíbrios ambientais.

Além disso, a perda de centralidade do trabalho no processo produtivo, prevista pelo próprio Marx, representa para o materialismo histórico um desafio ainda maior, pois compromete a visão clássica da luta de classes contemporânea e seu desejado desenlace. Talvez por isso mesmo Marx não tenha incorporado a sua obra magna, ainda que de maneira involuntária, os desdobramentos consequentes do seu pensamento, desenvolvidos nos *Grundrisse*, que, bem entendidos, põem em xeque os dogmas políticos do marxismo vulgar.

Ainda sobre a relação entre materialismo histórico e antropologia, há uma outra questão a considerar, se quisermos avançar no nosso estudo. Do que até aqui se disse, o leitor pode ter ficado com a falsa impressão de que a relação triádica a que aludimos se desfez no mundo moderno. A inversão da relação sujeito-objeto teria criado, sob o capital, uma "cultura global", um modo de vida universal. Não haveria, propriamente, terceiro excluído; tudo estaria subsumido à lógica diádica da acumulação. Cabe, então, a pergunta: a relação objeto-sujeito prescinde de um terceiro elemento? A resposta é claramente *não*. Mesmo sem desenvolver o tema, um autor pouco afeito à dialética foi capaz de perceber que, sem esse terceiro elemento, a relação não se mantém. Max Weber assinala, em *Economia e sociedade*:

> A luta constante, em forma pacífica e bélica, entre Estados nacionais concorrentes pelo poder criou as maiores oportunidades para o moderno capitalismo ocidental. Cada Estado particular tinha que concorrer pelo capital, que estava livre de estabelecer-se em qualquer lugar e lhe ditava as condições sob as quais o ajudaria a tornar-se poderoso. Da aliança forçada entre o Estado nacional e o capital nasceu a classe burguesa nacional — a burguesia no sentido moderno da palavra. *É, portanto, o Estado nacional fechado que garante ao capitalismo as possibilidades de sua subsistência e, enquanto não cede lugar a um império universal, subsistirá também o capitalismo.*[125] (Grifo meu)

Vejamos a gênese desse processo nos termos propostos pelo historiador marxista Perry Anderson, os quais incorporam as contribuições da sociologia compreensiva de Max Weber. O Estado moderno nasceu no seio da sociedade pré-industrial, quando os proprietários dos meios de produção fundamentais eram os donos das terras que jamais se viram despojados do comando do poder político até o advento das revoluções burguesas. Aliás, a indistinção entre economia, política e religião é a marca desse período.

Apesar da emancipação gradual das formas de trabalho forçado, mediante a comutação das obrigações de caráter pessoal por renda monetária — o que enfraquecia o poder de classe da nobreza —, a propriedade aristocrática permanecia um empecilho ao livre mercado no campo e a uma verdadeira mobilidade de mão de obra. A nobreza se viu diante de um impasse, que se resolveu por um "deslocamento da coerção político-jurídica para cima, em direção a um vértice centralizado e militarizado — o Estado absolutista. Antes diluída no nível da aldeia, tal coerção passou a se concentrar no nível 'nacional'".[126]

Essa nova máquina estatal, cuja função política permanente era a repressão das massas camponesas e plebeias, logo se mostraria também, por sua natureza, uma força coercitiva apta a disciplinar indivíduos e grupos da própria nobreza. A base do poder da nobreza era a terra, por definição um bem imóvel. O alvo do jugo nobre era, portanto, o território, e o meio típico de protegê-lo, o militar. A proteção oferecida pelo senhor era, inclusive, a justificativa para a exigência da corveia da parte do camponês.

Ora, os primeiros impostos nacionais regulares, que recaíam em geral sobre os pobres, foram criados exatamente para financiar as primeiras unidades militares "nacionais" regulares, compostas inicialmente por mercenários contratados. Esta é a razão pela qual Weber caracteriza o capitalismo por dois movimentos: a separação do trabalhador dos meios de produção, que deu origem à empresa moderna; e a separação do senhor dos meios de guerra, que deu origem ao Estado moderno e seu monopólio do uso legítimo da violência. Em contrapartida, a propriedade da terra era alodializada,* enquanto estratos da nobreza eram incorporados ao Estado absolutista mediante a venda de "cargos".

A aristocracia enfrentava, por outro lado, a burguesia mercantil emergente nas cidades medievais, que floresciam mais livremente, na comparação com as cidades da Europa oriental, graças à dispersão hierárquica das soberanias do feudalismo ocidental. Em seguida ao incremento do comércio, importantes manufaturas urbanas, tais como papel e têxteis, cresceram durante a depressão feudal. Formou-se um segundo antagonista à aristocracia, agora nas cidades, que também é incorporado ao Estado absolutista. A integração dessa burguesia ao aparato estatal se deu pelos mesmos meios, a aquisição e a herança de cargos públicos, mas sua assimilação esteve sempre subordinada a uma ordem em que a nobreza constituía o topo da hierarquia social. A estrutura do Estado absolutista, assim, deriva de uma dupla determinação:

> foi fundamentalmente determinada pelo reagrupamento feudal contra o campesinato, após a dissolução da servidão; mas foi secundariamente *sobredeterminada* pela ascensão de uma burguesia urbana que, depois de uma série de avanços técnicos e comerciais, agora se desenvolvia rumo às manufaturas pré-industriais, em escala considerável.[127]

Do ponto de vista econômico, o absolutismo não se restringia à venda de cargos e à cobrança de impostos. O mercantilismo, sua doutrina econômica, visava constituir um mercado nacional interno, isto é, um mercado doméstico unificado, com o objetivo de aumentar tanto o poder do Estado quanto a riqueza da nação, o que exigia duas providências: de um lado, a supressão de barreiras particularistas ao comércio dentro do reino e, portanto, um enfrentamento à autonomia das cidades e sua política corporativa (*laissez-faire* interno); e, de outro, o estabelecimento de barreiras em relação a todos os demais

Estados, mediante estímulo à exportação de bens e restrição à exportação de ouro e prata (protecionismo externo).

"O mercantilismo", diz Perry Anderson, "era, justamente, uma teoria da intervenção coerente do Estado político no funcionamento da economia, no interesse conjunto da prosperidade de uma e do poder do outro."[128] Vale notar que, nessa etapa do processo de constituição do Estado moderno, não cabe falar em nacionalismo, conceito estranho à natureza do mercantilismo.

O "caráter comunitário" do Estado absolutista aparece mais como unidade negativa voltada para o exterior (de um ente que não tem essencialmente caráter comunitário) do que como algo culturalmente constituído e espiritualmente genuíno. Um Estado concebido como patrimônio do monarca, cuja instância de legitimidade residia na dinastia, e não no território, menos ainda no povo, não podia contar como uma auréola nacional que não fosse contingente e emprestada.

Mutatis mutandis, algo dessa natureza ocorre com aqueles processos culturais, descritos por Edward Said, mediante os quais "a cultura europeia ganhou força e identidade ao se contrastar com o Oriente, visto como uma espécie de eu substituto e até subterrâneo".[129]

O nacionalismo propriamente dito surge no final do século XVIII. Mas, como afiançou, não sem alguma razão, o teórico político Tom Nairn, "a teoria do nacionalismo representa a grande falha histórica do marxismo". Benedict Anderson, em quem me apoio naquilo que segue, prefere chamá-lo de anomalia incômoda para a teoria marxista, que preferiu evitá-la.

Se o tema já perturbava os comunistas no século XIX, as guerras convencionais contemporâneas de um regime marxista revolucionário contra outro, envolvendo Vietnã, Camboja e China, por exemplo, tornaram as coisas ainda mais embaraçosas. O interesse que a obra *Comunidades imaginadas* desperta é o fato de seu autor tratar o nacionalismo como produto cultural que, a meu juízo, se harmoniza com a transição "antropológica" descrita por Marx, relativa à inversão da relação sujeito-objeto, no sentido de estabelecer uma relação triádica contraditória que sustenta esta relação.

Pode-se dizer que, coetâneo à Revolução Industrial, o capitalismo se completa com o advento do nacionalismo. É nesse sentido que endossamos a tese weberiana de que, sem uma pluralidade de Estados-nação concorrentes entre si, dificilmente o capitalismo sobreviveria, com a diferença de que não tomamos o Estado-nação na sua acepção instrumental, mas a partir do seu substrato espiritual, o equivalente cultural daquilo que os psicólogos evolutivos chamam erroneamente de "instinto tribal".

Benedict Anderson define a nação como uma comunidade política imaginada, limitada e soberana. Imaginada, porque seus membros jamais conhecerão a maioria de seus companheiros, nem têm, entre si, uma origem comum — como aliás ocorre em qualquer comunidade maior do que a aldeia primordial. Além disso, a nação é limitada, uma vez que não pretende possuir a extensão da humanidade, e soberana, conceito formulado pelo Iluminismo no momento em que as revoluções destruíam a legitimidade derivada da divindade dos reinos dinásticos compostos de uma comunidade heterogênea de súditos que habitavam territórios cujas fronteiras eram porosas e, não raramente, descontínuas.

"E, por último, ela é imaginada como uma *comunidade* porque, independentemente da desigualdade e da exploração efetivas que possam existir dentro dela, a nação sempre é concebida como uma profunda camaradagem horizontal."[130] O nacionalismo não figura como uma ideologia, ao lado do liberalismo ou do fascismo; antes, é um conceito que deve ser tratado do mesmo modo que o parentesco ou a religião, a ponto de ser considerado por Carlton Hayes, de forma precipitada, como seu substituto.

A religião tem um impulso estranho ao nacionalismo, o impulso à conversão. Contudo, tanto quanto a religião, o nacionalismo se interessa pelos vínculos com os que vieram antes, os mortos, e os que virão depois, os ainda não nascidos, ou seja, com o mistério da regeneração. Não é por outra razão que, embora os Estados modernos sejam considerados fenômenos novos e históricos, "as nações a que eles dão expressão política sempre assomam de um passado imemorial".[131]

A ideia de nação, portanto, traz consigo uma visão anacrônica do passado da comunidade imaginada e, acrescento, uma visão teleológica do seu futuro, ainda que a memória do que já passou e a antecipação do que ainda não chegou estejam ambas referidas ao presente.

Numa leitura original de Erich Auerbach e Walter Benjamin, Benedict Anderson sublinha a diferença que a ideia de simultaneidade assume na religião, de um lado, e no nacionalismo, de outro. No primeiro caso, o tempo é concebido como "tempo messiânico" (Benjamin), em que há uma simultaneidade de passado e futuro em um presente *instantâneo*, de modo que os acontecimentos relevantes não estão unidos nem temporal nem casualmente (Auerbach). Só a divina Providência estabelece o nexo entre os acontecimentos e fornece a chave para sua compreensão histórica.

> O que ocupou o lugar da concepção medieval de simultaneidade--ao-longo-do-tempo é, recorrendo novamente a Benjamin, uma ideia de "tempo vazio e homogêneo", em que a simultaneidade é, por assim dizer, transversal, cruzando o tempo, marcada não pela prefiguração e pela realização, mas sim pela coincidência temporal, e medida pelo relógio e pelo calendário.[132]

Ora, para Benedict Anderson, a nação é exatamente isso, um *organismo sociológico* que atravessa cronologicamente um tempo vazio e homogêneo, imaginada com a ajuda dos meios técnicos adequados para representá-la, o romance e o jornal, que promovem uma vernaculização da língua escrita. O livro foi a primeira mercadoria industrial produzida em série, ao estilo fordista, e, como tal, exigia a busca incansável de mercados cada vez mais amplos.

Não havia outra forma de atingir esse objetivo se o mercado editorial não promovesse uma rápida migração das obras em latim, língua restrita a uma elite erudita, para atender um mercado mais amplo de massas monoglotas. Isso só foi possível pela montagem de línguas escritas que fossem aparentadas com a maior diversidade possível de línguas faladas, montagem facilitada pela natural arbitrariedade dos sistemas de signos em relação aos sons correspondentes.

O sucesso editorial da Bíblia, traduzida e impressa em um alemão a um só tempo forjado e acessível, que selou a aliança entre a Reforma protestante e o capitalismo "industrial" e abalou definitivamente os alicerces de uma Igreja que se fragmentava de modo irremediável, era apenas o prenúncio do que viria. Aos poucos, também as línguas românicas foram se nacionalizando, criando uma comunidade de leitores que nem sempre se entendiam oralmente. Foram estas línguas impressas que, ao assumir suas formas modernas mais fixas por volta do século XVII, lançaram as bases da consciência nacional.

Assim, o livro e o trabalho, reproduzidos como mercadoria, pressupostos, respectivamente, do Estado moderno e do capital, recompõem a relação triádica contraditória no bojo da Revolução Industrial, tanto quanto a escrita e a escravidão o fizeram no auge da revolução neolítica. Na modernidade, esse arranjo triádico só se desarruma, ainda assim momentaneamente, quando o processo de alienização se sobrepõe ao processo de despessoalização, caso típico do colonialismo, na análise arguta de Simone Weil. A relação metrópole-colônia, da perspectiva da colônia, é diádica e, como tal, sempre instável, por mais duradoura que seja.

Não por acaso é aí, no sistema colonial, que emergem os movimentos "revolucionários" anti-imperialistas que rompem com a metrópole com o objetivo de alcançá-la por meio de expedientes internos, em geral despóticos, de desenvolvimento de forças produtivas próprias num processo de acumulação primitiva. No entanto, trata-se, em todos os casos, de movimentos de emancipação nacional, e não, como se pretendeu, de movimentos de emancipação humana.

Frantz Fanon percebeu, como poucos, a tensão entre essas duas possibilidades e denunciou a ação, interna e externa, de grupos que resistiram aos contornos mais radicais dos movimentos emancipatórios que não desejavam ficar restritos aos marcos do nacionalismo. Fanon nota que esses grupos repõem as condições de práticas neocoloniais: "O colonialismo, cujas fundações o nascimento da União Africana faz tremer, agora está de pé mais uma vez e pretende subjugar essa vontade de unificação explorando cada elemento titubeante do movimento. O colonialismo tentará incitar os povos africanos, desvelando a existência de rivalidades 'espirituais'".[133]

3. A linguagem simbólica e o tempo da cultura

> A análise da historicidade da presença [Dasein] busca mostrar que esse ente não é "temporal" porque "se encontra na história", mas, ao contrário, que ele só existe e só pode existir historicamente porque, no fundo do seu ser, é temporal.[134]
>
> Martin Heidegger

Bem antes de B. Anderson, Edward Sapir já havia assinalado uma importante alteração da relação entre linguagem, raça e cultura com o advento do nacionalismo. A antropologia demonstra fartamente que não há nenhuma relação necessária entre esses elementos. Quando, no passado remoto, populações escassas ocupavam vastos territórios e o contato entre elas, isoladas geográfica e historicamente, era episódico, provavelmente a diferenciação racial, linguística e cultural, segundo Sapir, poderia evoluir de forma paralela e sincrônica.

Contudo, tão logo essas populações entraram em contato prolongado, as raças e as culturas tenderam a se assimilar, enquanto as línguas contíguas, segundo Sapir, só se assimilaram de maneira casual. As raças e culturas mesclaram-se de uma forma diferente em relação às línguas. Estas, por sua vez, propagaram-se, invadindo territórios de outras raças e culturas muito além da sua sede.

Nos Estados Unidos, por exemplo, falam inglês representantes de três raças brancas europeias: a báltica, a alpina e a mediterrânea. Nesse caso, a comunidade de língua pressupõe igual comunidade de cultura. Ainda que se reconheça que os Estados Unidos e a Grã-Bretanha tenham uma herança cultural comum anglo-saxônica, que atenua dificuldades para a compreensão mútua, não se deve desprezar o fato de que outros fatores culturais concorrem para uma diferenciação em sentido contrário.

Por outro lado, os hupa, os yurok e os karok, povos originários do território estadunidense, embora falem línguas diversas e sem conexão, pertencentes a três grupos linguísticos distintos, comungam a mesma cultura e os mesmos rituais, ainda que, nas sociedades mais primitivas, segundo Sapir, não surja "o poder de unificação secundário do ideal 'nacional', para perturbar a marcha do que chamaríamos distribuições naturais".[135]

Tudo se altera com a ênfase crescente no nacionalismo, que se consolidou há duzentos anos. Raça, língua e cultura passaram a ser vistas como facetas de uma unidade social singular. O fato de que as nacionalidades se sobrepõem a diferentes grupos raciais e linguísticos não elude a questão sociológica de que o conceito de nação passou a moldar o comportamento das pessoas que ele envolve. O papel da língua nesse processo é salientado por Sapir:

> O que é importante ter em mente é que uma língua particular tende a se tornar a expressão condizente de uma nacionalidade autoconsciente e que tal grupo construirá para si mesmo, a despeito de tudo que o antropólogo físico faça, uma raça a qual atribuirá o poder místico de criar uma língua e uma cultura como expressões gêmeas de suas peculiaridades psíquicas.[136]

Sapir menciona ainda o curioso caso das línguas croata e sérvia: embora sejam essencialmente iguais, a primeira é escrita em caracteres latinos, enquanto a outra é escrita em caracteres cirílicos, diferença meramente externa que serve de estratégia encontrada por esses povos, os quais guardam grandes semelhanças entre si, de demarcar os diferentes sentimentos e as peculiaridades próprias de cada grupo.

De fato, a questão nacional remonta aos primórdios da linguística de Herder e Humboldt, na aurora do nacionalismo. Humboldt, cuja contribuição, como veremos a seguir, influenciou autores tão distintos como Sapir e Chomsky, entende que a linguagem, embora seja uma autocriação de indivíduos, presente na mente humana pela atividade dela mesma, está vinculada e é dependente da nação à qual pertence, que, por sua vez, tanto quanto uma pessoa, deve ser considerada uma individualidade seguindo um caminho espiritual interior próprio, sendo a linguagem a exalação mental da vida nacional que emerge da autoatividade simultânea de todos.

Herder, na mesma direção, considera "nação" a associação dos usuários de uma linguagem, que compartilham tradições e uma determinada forma de estar no mundo. Embora a razão seja um potencial humano universal, ela se realiza pela aquisição da linguagem, o que abre a possibilidade de separar a razão universal, de um lado, e suas manifestações culturais nacionais, de outro, que se desenvolvem da maneira mais apropriada a seu próprio meio ambiente particular, sua história, tradições e compreensão do mundo. Como a natureza é diversa, as formas de expressão da razão também são diversas, o que não implica que a verdade seja relativa — ela é universal —, mas que sua forma de expressão é linguística e culturalmente determinada.

Esse é o motivo pelo qual Herder critica "a expansão anormal dos Estados, a mistura selvagem de tipos e nações da humanidade sob um único cetro". Crítico da forma como se dava o expansionismo europeu, chamou Colombo, num poema, de assassino, por destruir as belezas, os costumes e o vigor juvenil do Novo Mundo, chegando a afirmar que, para o bem da humanidade, a Europa deveria perecer: "Nosso continente não deve ser chamado de parte sábia, mas de parte *presunçosa, intrusiva, manipulativa* da terra; ele não cultivou, mas destruiu os germes das culturas dos demais povos, em toda parte e por todas as formas de que foi capaz".[137]

Sua posição não deixou de despertar reações ácidas como as de Kant, que, na resenha de "Ideias para a filosofia da história" encampou claramente a visão que Herder mais reprovava: "Se os felizes habitantes do Taiti, nunca sendo visitados por nações mais civilizadas, estivessem destinados a viver em sua pacífica indolência por milhares de séculos, seria possível dar uma resposta satisfatória à questão de por que eles deveriam sequer existir".[138]

Herder chega a esboçar no seu *Ensaio sobre a origem da linguagem* uma ingênua genealogia do que, neste estudo, chamei de processo de alienização. Não são necessidades econômicas, como a fome e a sede, que envolvem em combate dois grupos humanos, mas o sentimento de honra, o orgulho no grupo a que se pertence e na sua superioridade. A mesma inclinação que, voltada para dentro do grupo, unia todos num só, quando voltada para fora constitui a força da discórdia. O fundamento dessa hostilidade, afirma Herder, é sobretudo uma nobre fraqueza humana e não tanto um vício desprezível.

Nos primórdios, quando a humanidade possuía mais forças ativas que bens acumulados, a discriminação entre tribos se dava pela comparação em virtude e valentia dos seus homens notáveis que expressavam, por assim dizer, a condição de toda a tribo. "E foi assim que, naturalmente, em breve se passou a dizer que *quem não está conosco e não é dos nossos está abaixo de nós*! O estrangeiro é pior que nós, é *bárbaro*!"[139]

Num segundo momento, quando já se trata do interesse próprio e da defesa da propriedade, perde fundamento odiar o vizinho por ele ser fraco. Contudo, o regozijo silencioso com o fato, sendo um sentimento comum às duas tribos, ferem-nas ambas na honra e as preparam para a guerra. "Está pronta uma segunda sinonímia: quem não está comigo é contra mim. Bárbaro e odioso! Estrangeiro e inimigo!" Conclui Herder:

> A terceira sinonímia seguiu-se imediatamente: separação e diferenciação completas. Quem havia de querer ter alguma coisa em comum com tal inimigo, com um bárbaro odioso? Nem costumes familiares, nem memória *de uma* mesma origem e ainda menos *uma* língua comum, já que a língua era, ao fim e ao cabo, o sinal verbal do grupo, o laço da família, o instrumento da instrução, o canto heroico dos feitos dos antepassados, a sua própria voz vinda dos túmulos. A língua não podia, pois, ser a mesma; e assim, o próprio sentimento da família que servira para edificar *uma* língua, ao tornar-se ódio entre nações, *criava frequentemente diversidades e depois a total diversificação* entre línguas. É um bárbaro, fala uma língua estranha! Esta é a terceira sinonímia, a mais conhecida.[140] (Grifos meus)

O raciocínio é superficial à primeira vista, mas contém uma boa dose de ensinamentos. Em primeiro lugar, a ideia de que não é a economia que gera a desavença entre grupos humanos, afirmação compatível com nosso entendimento de que é a alienização que inaugura a economia (e a religião) ou, melhor dizendo, alienização é carência material (e espiritual). Em segundo lugar, a ideia de que não é a diversidade de línguas que gera a discórdia; antes, é a discórdia que cria "diversidades e depois a total diversificação entre línguas":[141] uma meia verdade, já que só a primeira passagem é verdadeira, mas não sua recíproca.

Não há relação necessária entre diversificação de línguas e especiação cultural entre grupos, o que fica claro quando se faz a distinção entre língua e linguagem. A linguagem pode gerar diferença e contradição mesmo entre grupos que falam a mesma língua, e pode gerar identidade entre grupos que falam línguas diferentes, como vimos há pouco. O que importa é a especiação cultural.

A falha do raciocínio de Herder é fazer repousar o processo de diferenciação radical numa rixa familiar quando, na verdade, a diferença que existe entre um grupo humano e um mero bando é o fato de que um grupo humano é um *projeto*, exatamente porque o grupo humano tem uma visão anacrônica do seu passado e tem uma visão teleológica do seu futuro, ambas referidas no presente.

Encontra-se aqui, inclusive, a dificuldade de tratar as diferentes culturas de uma perspectiva ecológica, uma vez que os diferentes projetos de grupos humanos diferentes não são necessariamente harmonizáveis, podendo ser, no limite, antagônicos.

Apesar de promissora, essa incipiente teoria da alienização de Herder, chamada por ele de "terceira lei natural", não teve desdobramentos. Nenhum de seus ilustres leitores — Kant, Hegel, Feuerbach e Heidegger, para citar alguns — levaram-

-na em consideração. Feuerbach descartou-a, por exemplo, por entender que o cristianismo permitia ao ser humano objetivar em Deus a sua essência humana, libertada da barreira da nacionalidade. Mas há enormes problemas nessa afirmação. A primeira delas é que a religião forma grupos humanos tanto quanto a nação: a primeira responde a carências espirituais, a segunda responde a carências materiais.

Esses processos são coetâneos, fundados na alienização, e só com isso em mente é possível afirmar a carência *religiosa* como constituinte ao mesmo tempo da *expressão* da carência material e do *protesto* contra a carência material. E aqui, note-se, a recíproca é verdadeira. Contudo é preciso considerar que, ao longo da história, esses processos imbricados seguem vida própria, como notou Weber. Do distanciamento recíproco desses processos resulta cada vez menos provável a sobreposição exata entre nação e religião.

Interessa-nos, agora, a "primeira lei natural" de Herder, que teve melhor destino entre linguistas e antropólogos: "O homem é um ser em atividade, que pensa livremente, e cujas forças atuam em progressão; por isso é uma criatura de linguagem!".[142] Comparativamente destituído de instintos, o ser humano estaria, de maneira permanente, sujeito à rapina dos animais mais fortes e instintivos, não fosse um traço característico da espécie humana, a reflexão; e não sendo possível acontecer uma ação reflexiva sem sinal verbal, então o primeiro momento da consciência foi também o momento do nascimento interior da linguagem.

Para Herder, há linguagem no mundo animal não humano. Entretanto, ele faz duas observações relevantes. Em primeiro lugar, afirma que quanto menor o domínio de ação de um animal, menos necessidade ele tem de linguagem, podendo até ser surdo num universo muito restrito. Em compensação, quanto menor o círculo ao qual pertence, mais fortes suas outras aptidões instintivas. Ao círculo menor, portanto, correspondem sentidos extremamente agudos; quanto ao círculo maior e, em consequência, a um mais variado modo de vida, corresponde o enfraquecimento da organização sensorial. Assim, a linguagem animal não humana pode ser entendida, segundo Herder, como uma expressão *mecânica* de representações sensoriais que, de tão fortes, se tornam instintos compatíveis com um domínio de ação restrito.

Em segundo lugar, Herder sublinha a diferença entre a linguagem animal e a linguagem humana. O ser humano não tem uma esfera uniforme e estreita de atuação; ao contrário, as forças da alma humana dispersam-se pelo mundo todo. Não havendo um foco para o qual direcionar suas representações, o ser humano carece de aptidões e capacidade instintivas. Ele tem sentidos para tudo, mas como não estão aperfeiçoados numa direção específica, são fracos e embotados. Para o ser humano, portanto, de que vale a linguagem típica dos animais?

A linguagem animal não é rica nem distinta o suficiente para adaptar-se à organização dos sentidos e ao direcionamento das representações do ser humano. "Tirando aquela linguagem mecânica de que atrás falamos, *que linguagem há no homem que seja instintiva como a que possui cada espécie animal, segundo a respectiva esfera e dentro dela?* A resposta é breve: *nenhuma*!" Sem instintos, o que inclui a linguagem mecânica dos animais, a espécie humana foi agraciada pela natureza com um dom específico, uma linguagem própria, consciente, reflexiva e racional. No vazio deixado pela ausência de aptidões instintivas, a natureza compensou o ser humano com aquilo que é tão essencial nele como são os instintos nos animais.

> Chame-se a esta disposição global das forças do homem o que se quiser, *entendimento, razão, consciência* etc. Se não se tomarem estas designações por forças separadas ou por meros acréscimos de grau em relação às forças animais, pouco importa o nome. É o *arranjo global de todas as forças humanas, é a economia da natureza sensível e cognitiva, cognitiva e volitiva do homem. Ou mais ainda: é a simples força positiva do pensamento* que, ligada a uma *organização definida do corpo,* recebe no homem o nome de razão, do mesmo modo que nos animais se torna *habilidade instintiva,* e que no homem é *liberdade,* enquanto nos animais se converte em *instinto.* A diferença *não é de grau nem se resume a um suplemento das forças,* antes reside *num direcionamento e desdobramento totalmente diferentes de todas as forças.*[143]

Herder teve capital influência no desenvolvimento da antropologia filosófica, em especial a de Arnold Gehlen, seu mais sofisticado representante. A oposição entre linguagem simbólica e instintos, sugerida por Herder, ganha contornos particulares na sua antropologia. Gehlen estabelece uma linha de demarcação decisiva com a psicologia evolutiva, da maior relevância para o debate contemporâneo, uma vez que, para esta última (que segue William James, como veremos), a linguagem simbólica é um instinto, o que contraria, como ficará claro, os pressupostos deste estudo.

Na sua principal obra, Gehlen trata, em linha com a filosofia de Herder, o ser humano como problema biológico de características especiais. Ele considera enganosa a afirmação costumeira de que a espécie humana provém do animal, uma vez que, por suas características únicas, o homem tem que ser compreendido a partir de si mesmo, como objeto inequívoco de uma antropologia geral, sem perder de vista a conexão dessas características com sua situação biológica. Segundo ele, o fracasso da antropologia, até aqui, se deve a dois motivos. O primeiro é que as abordagens tanto monista quanto dualista da problemática corpo-mente não oferecem uma resposta ontológica satisfatória para superar esta antinomia.

Gehlen recorre à ontologia de Nicolai Hartmann, na qual encontra categorias permeáveis que permitem a existência conjunta de estratos, com base nas quais se estrutura o mundo. Os estratos inferiores, a camada inorgânica, são os mais fortes, pois indiferentes à existência das camadas superiores e delimitadores de seu espaço de desenvolvimento. As camadas superiores são dependentes, uma vez que a camada orgânica pressupõe a inorgânica, e a vida anímica, superior a elas, pressupõe ambas. Apesar de mais débeis, porque dependentes, as camadas superiores contêm novas estruturas e protofenômenos* que não se podem derivar das camadas inferiores, o que as tornam mais livres e autônomas. O segundo motivo é que, se tomarmos os traços humanos em separado, sejam a constituição física, a produção de artefatos, a vida social, as formas de comunicação etc., não encontraremos nada de especificamente humano, justamente porque o especificamente humano reside no todo, o que exige uma mirada interdisciplinar que aborde em conjunto características como a razão, o polegar oposto, a vida social, a posição ereta, a linguagem etc. Não há relação causal entre essas características; elas se pressupõem mutuamente, formando um sistema único.

Engana-se, portanto, o pensamento biológico que pretende fazer proceder o homem diretamente do animal, querendo captar desde fora, a partir do corporal, o elemento anímico. Pretensamente biológica, essa abordagem deixa escapar o essencial da perspectiva biológica: o reconhecimento de que o ser humano é um projeto absolutamente único da natureza, que exige um modo de estudo próprio, uma antropobiologia, que analise a disposição especial corporal do homem em conjunto com sua complexa interioridade, ou seja, o nexo entre o corporal e o anímico.

Isso implica prescindir da ideia de que há apenas "passos" que separam a inteligência ou a linguagem animal da humana, ou que separam os estados de sociabilidade animal das instituições humanas, e reconhecer que a natureza, no caso do homem, tomou uma direção da evolução antes inexistente, criando um novo princípio organizativo.

Da perspectiva morfológica, o ser humano é determinado pela *carência*: falta de pelos, falta de órgãos naturais de ataque e de fuga, falta de sentidos agudos e, em especial, falta de instintos autênticos — estes últimos entendidos como modos de comportamentos inatos, típicos da espécie, postos a funcionar em razão de "sinais" emitidos por "objetos" adequados, encontrados no seu entorno, como seus companheiros, suas presas e seus predadores, seu parceiro sexual e sua prole etc. A esse respeito, a qualidade essencial do homem consiste justamente em uma redução dos instintos. Desesperado de meios e de instintos, o ser humano compensa essa carência mediante sua capacidade de trabalho ou o dom da ação. A mesma natureza que lhe negou instintos deu-lhe a razão e a liberdade da vontade para "elaborar-se a si mesmo e encontrar em si mesmo como sua própria obra a existência como tarefa".[144]

Assim, o "ser carencial" do ponto de vista orgânico está, por isso mesmo, aberto ao mundo. Sendo incapaz de viver em um ambiente fragmentado concreto, a carência de meio ambiente é sua expressão conceitual. Submetido a uma pletora de estímulos e impressões que afluem na sua direção e que tem que dominar, o homem não tem como lidar com eles pela via instintiva; antes, precisa superar, pela previsão e pela providência, a carga provocada pela carência orgânica, valendo-se de meios inteiramente novos de guiar a vida. Descarga (*Entlastung*) significa exatamente isso: uma suspensão do contato imediato com o mundo, mediante o qual o homem ordena esses estímulos e impressões e os domina.

CHEGAMOS, ENFIM, ao conceito de Gehlen de cultura. O ser humano "é um ser práxico porque é não especializado e carece, portanto, de um meio ambiente adaptado por natureza; a essência da natureza, transformada por ele em algo útil para a vida, chama-se *cultura*".[145] Como segunda natureza, a cultura "antinatural" não é outra coisa senão o resultado da ação de um ser único, também "antinatural", que produz um meio ambiente próprio que já é, do ponto de vista meramente ótico, um mundo simbólico em grau muito elevado.

Fica patente a raiz comum que existe entre conhecimento e ação, ou entre a capacidade de orientação no mundo e a condução das ações, e o papel da linguagem na suspensão do contato imediato com o mundo, sem o qual não há conhecimento nem ação, pois o homem, enquanto ser carencial, tem que agir para sobreviver, e, para poder agir, tem que conhecer. Ora, o símbolo é o que permite representar a coisa na sua ausência. Ele é a condição de todo comportamento teórico que não produz de imediato nenhuma mudança real, mas é pressuposto de toda ação planejada.

A linguagem, dessa forma, liberta o homem do círculo de imediatez a que estão presos todos os animais e, sem o diferimento que ela possibilita, a espécie humana não teria a faculdade de dirigir-se ao futuro e atuar providencialmente em consequência disso, que é o que lhe garante a sobrevivência. A mesma redução de instintos que desarma o automatismo direto, portanto, libera um sistema de comportamento desonerado da pressão do instinto, pelo qual o pensamento e as figuras de ação não inatas reagem a variações no meio externo.

O homem, assim, conta com um superávit pulsional constitucional, concebido como "o lado interno de um ser não especializado e com carência de meios orgânicos, que está exposto a uma pressão constante de tarefas internas e externas".[146] Em contraste com o animal, cujos instintos estão adaptados ao meio ambiente e seguem o "tempo" da natureza, quanto à migração, ao acasalamento, à hibernação etc., o homem deve concorrer para a formação de impulsos duradouros e, mediante a criação de instituições, para a organização de um sistema pulsional arquitetônico bem orientado.

Não se deve confundir, portanto, o comportamento instintivo dos animais, previsível e referido a um meio ambiente natural e subordinado, com o comportamento humano adquirido diante de uma esfera cultural concatenada. Sem as instituições, o comportamento de um ser carencial como o homem seria marcado pela imprevisibilidade e pela insegurança.

O comportamento humano previsível, seguro, quase automático, que se apresenta no lugar do comportamento autenticamente instintivo dos animais, só se estabiliza por meio de instituições.

Mediante uma ação previsora, o homem cria para si, em quaisquer condições externas concretas, sua esfera cultural, formada pela totalidade dos meios materiais representativos, das técnicas objetivas e das técnicas mentais, incluindo as instituições, que compõem as *condições de vida naturais* deste ser carencial. Para Gehlen, a cultura é, por tudo isso, um conceito antropobiológico e o homem, por definição, um ser cultural.

Interessa-nos, neste momento, o contraponto de Gehlen à abordagem de Uexküll, que publicou, em 1934, *Andanças pelos mundos circundantes dos homens e dos animais*, livro traduzido para inúmeras línguas que popularizou sua teoria. Ele contém uma descrição do ciclo de vida de um carrapato que se tornou famosa. O bichinho sai do ovo "incompleto", com apenas um par de pernas e sem órgãos reprodutivos, mas já capaz de atacar animais de sangue frio que espreita da ponta de uma folha de grama. Atinge a fase adulta, após várias trocas de pele, quando adquire os órgãos que lhe faltam.

A fêmea, então, acasala e, de posse de quatro pares de pernas, escala um arbusto até uma altura que lhe permite cair sobre animais de sangue quente. Cega, deixa-se guiar por meio de uma fotossensibilidade de pele. Surda, confia no seu olfato para detectar o aroma do ácido butírico que emana das glândulas da pele de todos os mamíferos e se lançar na direção deles. Graças a seu apurado sentido térmico, o carrapato reconhece sua presa em contato com seu corpo. Bem-sucedida a empreitada, basta ao parasita procurar uma área do corpo com a menor quantidade de pelos para sugar-lhe o sangue e viver feliz. Finalmente, deixa-se cair no solo para depositar seus ovos, e, então, morrer.

Ora, para Uexküll, todo organismo, de acordo com sua anatomia, dispõe de um sistema receptor, por meio do qual recebe estímulos externos, e um sistema efetuador, por meio do qual reage a eles; juntos, formam uma unidade fechada: seu mundo circundante (*Umwelt*). Considerações como estas permitem a Uexküll propor uma volta a Kant para expandi-lo. Segundo ele, Kant, ao sublinhar as condições a priori de toda experiência, fixou-se apenas na análise das formas mais básicas de sensibilidade: espaço e tempo. Deixou em aberto a análise das formas que variam segundo a anatomia de cada organismo, ponto de partida para apreender a realidade experimentada de formas diferentes por organismos diferentes. Na introdução de seu livro mais denso (*Biologia teórica*, 1920), Uexküll deixa claro seu propósito: "A tarefa da biologia consiste em expandir em duas direções os resultados das investigações de Kant: 1) considerando a parte jogada por nosso corpo, especialmente pelos órgãos dos sentidos e o sistema nervoso central; e 2) estudando as relações de outros sujeitos (animais) com os objetos".[147]

Vimos como Cassirer recepcionou a contribuição de Uexküll. Entre o sistema receptor e o sistema efetuador, encontrados em todas as espécies, Cassirer propõe a incorporação de um terceiro elo: o sistema simbólico. Por representar um método inteiramente novo de adaptação ao ambiente, o sistema simbólico altera qualitativamente o círculo funcional do homem na comparação com os animais, situando a vida humana em uma nova dimensão.

Gehlen traz à discussão um outro argumento decisivo para nossos propósitos. Uexküll compara a segurança com que um animal e um homem se movem em seus respectivos mundos circundantes, mas transpõe, sem as mediações devidas, o que Gehlen considera um enfoque frutífero da zoologia ao mundo humano, afirmando, por meio de analogia imprópria, que um bosque não é o mesmo bosque para um poeta, um caçador ou um louco.

Dessa forma, Uexküll não percebe que a cultura, entendida como segunda natureza, não apenas é o mundo circundante do homem como também é *transformada continuamente* pelas sociedades humanas *segundo um projeto*, o que, de acordo com Gehlen, contrariando a teoria biológica da construção de nicho mencionada neste estudo, não se aplica à zoologia. Os animais não transformam seu mundo circundante como os seres humanos criam e transformam o seu. Os seres humanos não vivem na mesma temporalidade que os demais organismos: "Somos a única espécie que viaja no tempo, por causa de nosso uso do circuito neural chamado rede de modo-padrão (*default mode network*), que nos permite tecer narrativas (auto)biográficas e ter empatia; não por coincidência, é o circuito neural envolvido no sonho e no devaneio", segundo Sidarta Ribeiro.[148] A linguagem simbólica, tal como a conceituo, é justamente a evolução biológica que permite aos seres humanos viajar no tempo e assumir perspectivas culturais que assumem uma dinâmica revolutiva. Veremos, no desfecho deste estudo, como isto se combina de maneira proveitosa com a abordagem biológica de François Jacob.

Por ora, vejamos como toda essa digressão nos auxilia na análise da apropriação da teoria uexkülliana feita por Bertalanffy, que a combinou com a hipótese linguística de Whorf. O universalismo de Kant é mais uma vez posto em xeque, agora não apenas para determinar a diferença de modos de apreensão do mundo entre espécies anatomicamente distintas, mas para determinar a diferença de modos de apreensão do mundo pelos homens entre si.

De imediato, cabe-nos perguntar: se os homens têm, como espécie, as mesmas características anatômicas, em que outras características repousaria a diferença de apreensão do mundo? De acordo com Kant, as formas de intuição, o espaço e o tempo, e as categorias do intelecto se impõem a todo ser racional. Contudo, lembra Bertalanffy, mesmo estas formas de intuição, representadas pelo espaço euclidiano e pelo tempo newtoniano, são adequadas apenas ao mundo físico de dimensões intermédias.

Tão logo nos situemos na dimensão astronômica ou na dimensão atômica, há que intervir em espaços não euclidianos ou multidimensionais. Na teoria da relatividade, por exemplo, o tempo "transforma-se" em uma coordenada de um contínuo de quatro dimensões. Na física quântica, por outro lado, o determinismo da física clássica é substituído pelo indeterminismo das leis subatômicas de caráter estatístico.

É preciso lembrar, ainda, que o sistema receptor do homem se altera completamente pela utilização de meios artificiais de percepção. A teoria da relatividade não seria formulada sem que se desenvolvessem instrumentos que medissem a velocidade da luz; e as ondas gravitacionais, hipótese decorrente dessa teoria, não seriam captadas se não se desenvolvessem novas técnicas de percepção.

No campo da biologia, a relatividade das categorias também se faz notar. Como já vimos, segundo Uexküll, qualquer organismo recorta, da multiplicidade dos objetos circundantes e segundo seu sistema receptor, um número reduzido de características, ao qual ele reage segundo seu sistema efetuador. Cada organismo, portanto, percebe o mundo e reage a ele segundo sua organização psicofísica, que delimita seu mundo circundante, o que inclui a percepção de tempo e espaço.

O "instante", por exemplo, entendido como a unidade mínima de tempo percebido, se altera de organismo para organismo. Para o homem, o instante corresponde a 1/18 de segundo, uma vez que impressões mais breves não são percebidas em separado. Já o peixe lutador não reconhece sua imagem no espelho a não ser que, mediante um dispositivo mecânico, ela lhe seja apresentada ao menos trinta vezes por segundo, quando então ele a ataca como se fosse um oponente. Bertalanffy nota que, também aqui, as formas de intuição não são universais, mas dependem das condições psicofísicas e das condições fisiológicas de cada animal, incluindo o homem.

Com a ajuda de Whorf, Bertalanffy vai agregar, em sintonia com aquilo que Cassirer e Gehlen já haviam feito, um novo elemento ao esquema de Uexküll. Recapitulando: o ser humano, segundo Cassirer, dispõe de um sistema exclusivo para adaptar-se ao ambiente, situado entre o sistema receptor e o sistema efetuador, qual seja, o sistema simbólico. Gehlen, por sua vez, defende que o mundo circundante do homem, ao contrário do mundo circundante dos animais, é a cultura, produzida e continuamente transformada pelo próprio homem segundo um projeto que ele elabora. Bertalanffy introduz no esquema uexkülliano a diversidade cultural das categorias:

> Nossa percepção — está determinada mais do que nada por nossa organização psicofísica especificamente humana. Tal é a tese de

> Von Uexküll. As categorias linguísticas e culturais em geral não alteram as potencialidades da experiência sensória, mas modificam, em vez disso, a apercepção, ou seja, que traços da realidade experimentada serão enfocados e sublinhados e quais serão desconsiderados.[149]

Dito de outra maneira, como a dotação psicofísica do homem, enquanto espécie, é universal, o mesmo pode ser dito da percepção humana do mundo circundante. Isso, porém, não ocorre com a conceitualização, que, por depender de sistemas simbólicos determinados em grande medida por fatores linguísticos, está sujeita à diversidade cultural.

Introduz-se, assim, um novo princípio de relatividade, sugerindo que as mesmas evidências físicas podem levar a diferentes retratos do universo se os observadores tiverem diferentes origens linguísticas que não podem ser calibradas entre si. Diz Whorf:

> Quando os linguistas puderam examinar crítica e cientificamente um grande número de línguas de padrões largamente diferentes, sua base de referência se expandiu; eles constataram uma suspensão de fenômenos até então considerados universais, e toda uma nova ordem de significados se viu integrada a seus conhecimentos. Descobriu-se que o sistema linguístico de fundo (em outras palavras, a gramática) de cada língua não é apenas um instrumento reprodutor voltado para a expressão de ideias, mas antes um aperfeiçoador de ideias, programa e guia da atividade mental do indivíduo, para sua análise de impressões, sua síntese das ações mentais em negociação. A formulação de ideias não é um processo independente, estritamente racional, no sentido

antigo; é, antes, parte de uma gramática particular e apresenta diferenças — das mais discretas às mais acentuadas — entre gramáticas diferentes.[150]

Ainda que sintonizado com a perspectiva de Whorf, Bertalanffy o critica por não ter deixado suficientemente claro que a relação entre linguagem e visão de mundo não é unidirecional. De acordo com Bertalanffy, se, com Whorf, pode-se dizer, de um lado, que a estrutura da linguagem parece determinar os traços da realidade que serão recortados e qual forma terão as categorias de pensamento, por outro cabe afirmar, reciprocamente, que o "como" o mundo é visto determina e forma a linguagem.

Neste ponto convém sublinhar que seria um erro imaginar que esse movimento dialoga com a perspectiva apresentada por este estudo. As mesmas mediações quanto à biologia e à antropologia precisam ser feitas agora no campo da linguística, se quisermos concluir de maneira proveitosa nossa jornada. As sutilezas são ainda maiores nesse campo, razão para termos deixado esse embate para o final. O relativismo linguístico de Whorf, como deve estar claro, só aparentemente resolve nosso problema de forma satisfatória.

Já vimos, com Sapir, que a evidência antropológica é de que não há relação necessária entre cultura e linguagem. Whorf, por seu lado, declarou-se "o último a fingir que há coisa tão definida quanto uma 'correlação' entre cultura e linguagem".[151] Povos que falam línguas diferentes podem compartilhar a mesma cultura; povos que falam a mesma língua podem criar culturas diferentes. Isso seria o bastante para questionar a associação do nome de Sapir ao de Whorf quanto à hipótese de que a língua determina o que o homem percebe e como pensa o mundo e que, portanto, grupos humanos que utilizam distintos sistemas linguísticos teriam diferentes visões de mundo.

Há passagens na obra de Sapir que corroboram essa aproximação. Em "The Status of Linguistics as a Science", Sapir defende que o homem está à mercê daquela linguagem particular que se tornou o meio de expressão da sua comunidade, não apenas como forma de resolver problemas específicos de comunicação ou reflexão, mas como a base sobre a qual seu grupo linguístico constrói de modo inconsciente o seu mundo real. Por mais próximas que sejam, não há duas línguas que possam exprimir a mesma realidade social, assim como, por mais próximas que sejam, duas sociedades são dois mundos diferentes, e não o mesmo mundo com diferentes rótulos.

Sapir reconhece a relatividade dos conceitos, ou, mais propriamente, a relatividade da forma de pensamento. Tomados em conjunto, no entanto, os escritos de Sapir sugerem uma aproximação maior com a abordagem de seu mestre, Franz Boas, do que com a de Whorf, seu aluno, que indica uma direção diferente.

Longe de ser um biolinguista, pelo contrário, Sapir, vale notar, situa a linguística no campo das ciências sociais, não sem antes apontar os fatos que a aproximam da biologia, a saber, a dependência do comportamento linguístico a ajustes de tipo fisiológico e, mais importante, a regularidade e a tipicidade dos processos linguísticos que contrastam com o comportamento mais livre dos seres humanos quando analisados do ponto de vista estritamente cultural. Por trás da aparente desordem do mundo cultural, há regularidades tão reais quanto as observadas no mundo físico, embora infinitamente menos rígidas.

Se, de um lado, a morfologia das línguas conhecidas varia, de maneira surpreendente, mais do que qualquer outro tipo de padrão cultural, por outro a gramática de qualquer língua, definida como "a soma total de economias formais intuitivamente reconhecidas pelos falantes de uma língua",[152] tem um grau elevado de fixidez. Sua regularidade e seu desenvolvimento formal repousam sobre aspectos de natureza biológica, mas isso não a torna uma área adjunta da biologia ou mesmo da psicologia.

O que chama a atenção, contudo, e aqui reside o ponto de aproximação entre Sapir e Boas que os afasta da perspectiva de Whorf, é o fato de que, para Sapir, qualquer língua tem uma completude formal (*formal completeness*). Evidentemente, isso nada tem a ver com a riqueza de vocabulário; antes, tem a ver com o fato de o falante de qualquer língua, não importa o que ele deseja comunicar ou quão bizarras sejam suas ideias, poder servir-se dela sem precisar criar novas formas ou forçar novas orientações das formas constantes da sua estrutura.

O universo das formas linguísticas é um sistema de referência completo, e passar de uma língua a outra é tão possível quanto passar de um sistema geométrico de referência* a outro. Podem-se criar novas palavras, estender o significado das já existentes, emprestar palavras de fontes estrangeiras etc., mas nada disso afetará a forma da língua, assim como a incorporação de novos objetos numa certa porção do espaço não afeta sua forma geométrica.

Disso decorre uma propriedade extraordinária das línguas. Para explicitá-la, Sapir propõe um exercício inquietante: seria possível traduzir a *Crítica da razão pura* para a língua esquimó ou hotentote? A resposta de Sapir é a seguinte:

> Não há nada nas peculiaridades formais do hotentote ou do esquimó que obscurecesse a claridade ou ocultasse a profundidade do pensamento de Kant — na verdade, pode-se suspeitar que a estrutura altamente sintética e periódica do esquimó sustentaria mais facilmente o peso da terminologia de Kant do que o alemão nativo do autor. Passando a uma posição estratégica mais positiva, não é absurdo dizer que tanto o hotentote quanto o esquimó possuem todo o aparato formal necessário para servir como matriz para a expressão do pensamento de Kant. Se tais línguas não possuem o vocabulário kantiano necessário, não se deve culpar as próprias línguas, mas os esquimós e os hotentotes.[153]

Essa resposta não poderia ser mais coerente com a posição de Franz Boas. Em *A mente do ser humano primitivo*, o enfoque de Boas sobre o tema é praticamente o mesmo, como demonstra a seguinte passagem:

> Parece assim que os obstáculos ao pensamento generalizado, inerentes à forma de um idioma, são apenas de menor importância e que provavelmente a língua por si só não impediria um povo de avançar até formas mais generalizadas de pensamento, se o estado geral da cultura requerer a expressão de tal pensamento; e que, nestas condições, a língua seria moldada pelo estado cultural. Não parece provável, portanto, que haja alguma relação direta entre a cultura de uma tribo e a língua que seus membros falam, exceto na medida em que a forma da língua seja moldada pelo estado da cultura, mas não na medida em que certo estado de cultura seja condicionado por traços morfológicos da língua.[154]

A hipótese de Whorf é uma radicalização de observações parciais de Boas e Sapir, mas uma radicalização que pouco ajuda a entender a dinâmica cultural. A ideia de que diferenças profundas entre línguas determinam diferenças na maneira pela qual pensamos e percebemos o mundo foi objeto de vários estudos empíricos, com resultados contraditórios.[155] Não se pretende negar a possibilidade de que a língua, por si só, molde cenários que promovam experiências e conceitos religiosos, estéticos e até cognitivos, de difícil tradução. São fartos os exemplos, por outro lado, de "unificação" de línguas que promoveram melhor entendimento entre os membros de uma nação ou de uma religião.

O trabalho de B. Anderson, já citado, oferece várias referências a respeito. A hipótese, entretanto, de que a diversidade de línguas possa ser um obstáculo à compreensão mútua, sobre qualquer aspecto do mundo, parece um enorme exagero. Extrapolando o argumento, é como se, para pensar e perceber o mundo da mesma maneira, devêssemos todos falar a mesma língua, embora dispondo da mesma capacidade biológica de linguagem. As conclusões de Bertalanffy são ainda mais desconcertantes: tudo se passa, no seu sistema uexküllo-whorfiano, como se a cada língua particular correspondesse um *Umwelt* particular; como se línguas diferentes nos transformassem em organismos diferentes.

Filosofias da linguagem e da cultura

A linha traçada por Whorf, a partir de Boas e Sapir, portanto, parece nos levar a um beco sem saída, considerando os propósitos deste estudo. Um outro caminho possível, mais promissor, parte de Wittgenstein. A sugestão é de que abordemos três autores, diretamente influenciados por sua obra tardia, que oferecem contribuições de grande impacto ao debate que nos interessa, começando pela filosofia analítica de W. V. O Quine, passando pela filosofia das ciências sociais de Peter Winch, até chegar à antropologia interpretativa de Clifford Geertz.

Em *Palavra e objeto*, Quine faz uma advertência sobre a hipótese de Whorf (que ele associa também aos nomes de Sapir, Cassirer e Dorothy D. Lee): o que está normalmente em jogo, quanto à tradução, é a indeterminação de correlação entre línguas, dado que, quanto mais nos distanciamos do solo doméstico, mais frágil a base de comparação entre elas. Entretanto, a questão, sugere ele, não é incomum mesmo entre compatriotas. O problema se coloca em relação a quaisquer duas pessoas. Dois indivíduos, diante de todas as estimulações sensoriais possíveis, podem ter rigorosamente o mesmo comportamento verbal e, ainda assim, as ideias expressas em suas enunciações podem divergir radicalmente.

A vantagem de um diálogo entre compatriotas existe; ela é dada pelo fato de que os desvios podem se compensar uns em relação aos outros em virtude do contexto, de modo a preservar o padrão global de associações. Pode-se dizer que há vantagem também quando a tradução envolve duas línguas aparentadas, passíveis de beneficiar-se, de modo eventual, de uma etimologia comum, ou línguas não aparentadas, que, também de modo eventual, podem se beneficiar de uma evolução compartilhada.

A questão fica mais evidente quando pensamos na hipótese da tradução de uma língua de um povo isolado, ainda não tocado, sem o auxílio de intérpretes. Trata-se do caso de tradução *radical* que, segundo Quine, remete ao que ele chama de *princípio da indeterminação da tradução.* A hipótese de Quine é a de que manuais de tradução podem ser estabelecidos de maneiras divergentes, compatíveis com a totalidade das disposições verbais, porém incompatíveis entre si, dando ensejo a traduções sem nenhuma relação de equivalência plausível.

Mesmo reconhecendo que o caso de tradução radical torna as questões suscitadas ainda mais complexas, o recurso a ela é mero expediente para jogar luz sobre problemas que enfrentamos cotidianamente em qualquer contexto, o que distancia o exercício de Quine de outras abordagens que abriram caminho para uma reconsideração de problemas no campo antropológico.

A tese de Quine é demasiadamente controversa, sobretudo se considerarmos sua análise sobre as causas que explicam a falha em perceber a indeterminação da tradução. Uma dessas causas chama a atenção pela drasticidade. Vamos imaginar uma pessoa verdadeiramente bilíngue. Supõe-se que ela esteja em condições de fazer correlações de frases excepcionalmente corretas entre as línguas que domina. Essa suposição pode ainda ser reforçada de maneira acrítica por uma hipótese mentalista segundo a qual cada frase e sua respectiva tradução expressam uma ideia idêntica na mente do bilíngue. Pois bem, sobre isso, a conjectura de Quine é perturbadora: "Outro bilíngue poderia ter uma correlação semântica incompatível com o primeiro bilíngue sem afastar-se do primeiro bilíngue em suas disposições verbais dentro de ambas as línguas, com exceção de suas disposições a traduzir".[156] Note-se que para Quine a tradução pode ser certa e pode ser errada, mas o que importa é que, segundo seu argumento, duas traduções *certas* podem ainda assim divergir.

Não nos interessa neste momento percorrer a enorme polêmica gerada por essa conjectura.[157] Quine poderia querer pôr em questão a própria ideia de significado. Nesse caso não se trataria de indeterminação da tradução, mas de indeterminação de significado. Não parece ser esse o caso. Quine poderia, de modo alternativo, querer reforçar, por esse caminho, sua visão behaviorista da linguagem, o que encontraria amparo em várias passagens de sua obra.

Num primeiro momento, é importante compreender qual o lugar e o alcance que Quine reserva ao behaviorismo. Ele não tem dificuldade em admitir que a *aptidão* da linguagem é inata, mas o mesmo não pode ser dito sobre o *aprendizado* da linguagem, uma vez que isso envolve características intersubjetivamente observáveis do comportamento humano. É nesse sentido bastante delimitado que Quine afirma: "O linguista pouco pode fazer além de ser um behaviorista, ao menos como linguista".[158]

Trata-se, portanto, de um behaviorismo restrito à linguística, exigido pela forma como a linguagem é aprendida, ou, mais propriamente, de um behaviorismo linguístico baseado no reflexo da aquisição da linguagem: "Cada um de nós aprende sua língua observando o comportamento verbal das outras pessoas e tendo seu próprio comportamento verbal hesitante observado, reforçado e corrigido pelos outros".[159]

O aprendizado dos significados deve, portanto, ser baseado na observação, ou, dito de outra forma, o significado é determinado pelo uso observável. "A linguagem é uma habilidade que todos nós adquirimos de nossos semelhantes pela observação, a emulação e a correção mútua, em circunstâncias conjuntamente observáveis. Quando aprendemos o significado de uma expressão, aprendemos apenas o que é observável no comportamento verbal explícito e suas circunstâncias."[160]

Num segundo momento, entretanto, cabe investigar um caminho, que Quine não trilhou, mas que é absolutamente possível vislumbrar a partir da sua polêmica com Rudolf Carnap, na qual ele lança um conjunto de formulações que esboçam algo que vai além do behaviorismo linguístico. Para compreendê-lo, comecemos pela crítica de Quine à distinção, cara ao positivismo lógico, entre verdades analíticas e verdades sintéticas.

No primeiro caso, uma afirmação é considerada verdadeira exclusivamente em virtude do significado das palavras que contém. Verdades lógicas ou matemáticas, por exemplo, são verdades analíticas que não carecem de justificação teórica e dependem exclusivamente da escolha da linguagem. No segundo caso, em contraste, a afirmação faz referência a fatos extralinguísticos e só pode ser reconhecida como verdadeira pela evidência revelada pela experiência. Verdades científicas, portanto, são verdades sintéticas. Assim, no interior de uma dada linguagem, para cada assunto específico há uma única teoria correta, e para saber qual teoria é a correta, recorrem-se às regras de uma linguagem e à experiência.

Entretanto, não é possível adotar procedimento semelhante quando escolhemos uma determinada linguagem, porque, ao agir assim, estamos escolhendo suas próprias regras. Caberia à filosofia, ao analisar a linguagem da ciência, sugerir, eventualmente, linguagens alternativas, mas não prescrevê-las, pois não se pode falar de uma linguagem correta. Esta ideia ficou conhecida como o Princípio da Tolerância. Ele pressupõe a distinção entre verdades analíticas e verdades sintéticas, que, segundo Carnap, repousam sobre bases epistemológicas inteiramente diferentes.

Quine recusa a existência de uma diferença epistemológica entre a filosofia e a ciência. Para ele, a filosofia não goza de nenhuma vantagem metodológica ou epistemológica sobre a ciência. Tanto quanto as verdades sintéticas, as verdades analíticas também podem ser refutadas, e as razões que nos levam a rejeitar uma verdade sintética são da mesma natureza daquelas que nos levam a propor uma mudança na linguagem. Assim como uma palavra isolada não pode ser compreendida fora do contexto da proposição, uma proposição só pode ser compreendida no contexto da linguagem. Isso torna praticamente impossível delimitar a fronteira entre filosofia e ciência no interior da linguagem.

De início, cabe sublinhar que a escolha da linguagem não é teoricamente neutra, o que Carnap reconhece, mas, mais importante, a correção de uma proposição dificilmente pode ser atestada por sua mera relação isolada com a experiência, sem considerar aspectos mais amplos da teoria, quando não a teoria como um todo. Considerada em isolamento da teoria da qual faz parte, uma proposição não se sustenta por si. A lógica e a matemática, segundo o Princípio da Tolerância, parecem ser necessárias e independentes da experiência. Elas gozariam de status especial por não estar sujeitas à refutação por evidências trazidas pela experiência.

Para Quine, contudo, boa parte do nosso conhecimento não vem diretamente da experiência; ao contrário, quase sempre a aderência de uma proposição à experiência é indireta, porque pressupõe um corpo teórico. Quanto mais "básico" esse corpo teórico, quanto mais próximo do centro da nossa teia de crenças, mais ele aparece como um conhecimento a priori.

Abandonar a lógica ou a matemática significaria abrir mão de um completo sistema de conhecimento por um sistema alternativo que hoje ninguém é capaz de vislumbrar. Entretanto, segundo Quine, nada afasta a possibilidade de que venhamos a fazê-lo se o curso da experiência demonstrar que a lógica e a matemática se tornaram completamente inúteis. Enquanto essa possibilidade meramente abstrata não estiver no horizonte, a lógica e a matemática continuarão sendo vistas como a priori.

Quine, dessa forma, reconhece a noção de analiticidade em sua aplicação útil, mas ressalta sua insignificância de um ponto de vista epistemológico. Toda declaração que não imaginamos poder rejeitar está sujeita à revisão, e nós só a aceitamos pela contribuição que ela pode dar ao sucesso de um corpo teórico como um todo, como método eficiente de lidar com a experiência. Outros fatores entram em jogo na aceitação de proposições que contribuem com a eficácia da teoria como um todo.

O próprio Carnap sugeriu que fatores pragmáticos desempenhassem seu papel, mas apenas na escolha da linguagem, como fatores externos da mudança. Ao rejeitar a separação entre verdades analíticas e verdades sintéticas, Quine mina a base da diferença epistemológica entre elas e adota um pragmatismo mais abrangente que também afeta as mudanças internas.

Ora, essa perspectiva poderia ter sugerido a Quine que a hipótese de Whorf não é mera aparência decorrente da indeterminação de correlação entre línguas substancialmente diferentes. Ao enfocar dessa maneira a questão da tradução radical, Quine a situa na mesma ordem de problemas que podem ser enfrentados no plano doméstico e que dizem respeito, por exemplo, ao comportamento verbal idêntico de pessoas com diferentes conexões neurais e diferentes histórias individuais, casos em que não faz sentido imaginar diferenças semânticas entre elas.

"É irônico", sugere Quine, "que ao caso interlinguístico seja dada menos atenção, pois é exatamente nele que a indeterminação semântica faz sentido empírico claro."[161] Cabe-nos indagar, contudo, se o caso interlinguístico é um simples caso de *indeterminação* semântica ou se transcende esta esfera. A indeterminação da tradução poderia ser, no limite, um caso de incomensurabilidade de todo um sistema de crenças, dado pela impossibilidade de delimitar a fronteira epistemológica entre filosofia e ciência.

Wittgenstein, parece-me, deu um passo nessa direção. Em *Investigações filosóficas*, ele afirmou que "compreender uma frase significa compreender uma linguagem".[162] Quem quer que se disponha a traduzir uma verdade do tipo sintética como a célebre equação da teoria da relatividade ($E = mc^2$) para uma língua de um povo isolado terá que inventar palavras ou distorcer o uso das palavras nativas existentes até concluir que os nativos não têm os conceitos requeridos para efetivar a tradução por conhecerem pouco de física. Isso não quer dizer, como afirmou Quine, que há naquela proposição algum significado linguisticamente neutro que nós capturamos, e o nativo não.

Quem quer que se comunique simbolicamente dispõe da capacidade de seguir uma regra, primordialmente a de uso dos símbolos. Contudo, como lembra Wittgenstein, "*acreditar* seguir a regra não é seguir a regra. E daí não podermos seguir a regra 'privadamente'; porque, senão, acreditar seguir a regra seria o mesmo que seguir a regra".[163] Seguir uma regra, portanto, não pode ser reduzido a uma simples regularidade empírica; antes depende de validação intersubjetiva, uma vez que seu significado deve sua identidade a uma regulação de tipo convencional. Consequentemente, seguir uma regra não é algo que uma pessoa possa fazer por si própria; "eis por que 'seguir a regra' é uma *práxis*".[164]

Vejamos mais de perto o que isso significa. Wittgenstein explica:

> Na práxis do uso da linguagem, um parceiro enuncia as palavras, o outro age de acordo com elas [...]. Podemos também imaginar um daqueles jogos por meio dos quais as crianças aprendem sua língua materna. Chamarei esses jogos de "*jogos de linguagem*" e falarei muitas vezes de uma linguagem primitiva como de um jogo de linguagem [...]. Chamarei também de "jogos de linguagem" o conjunto da linguagem e das atividades com as quais está interligada.[165]

Em certas ocasiões, Wittgenstein sugere que a linguagem é parte de uma forma de vida: "O termo '*jogo* de linguagem' deve aqui salientar que o falar da linguagem é uma parte de uma atividade ou de uma forma de vida".[166] Em outras ocasiões, ele utiliza a palavra "linguagem" como sinônimo da expressão "forma de vida", quando, por exemplo, afirma que "representar uma linguagem significa representar-se uma forma de vida".[167] Em *Brown Book*, ele prefere utilizar a palavra "cultura" no lugar de "forma de vida": "Imagine um uso da linguagem (uma cultura)...", e logo depois: "Poderíamos também imaginar uma linguagem (e isso significa, mais uma vez, uma cultura)...".[168]

No mesmo sentido, em *Lectures and Conversations on Aesthetics, Psychology and Religious Belief*: "o que pertence a um jogo de linguagem é uma cultura inteira".[169] Evidentemente, o plano em que essas questões se colocam, embora situadas no contexto do que se pode chamar "holismo semântico", não é aquele próprio da discussão da tradução radical. Na verdade, essas formulações de Wittgenstein abrem espaço para um *conceito culturalista de linguagem* muito diferente da perspectiva de Whorf, que propõe, conforme vimos, algo como um conceito linguístico de cultura.

Esse posicionamento se firma com um pouco mais de nitidez no conjunto de suas anotações reunidas em livro, intitulado *Da certeza*. Nele, o autor aborda um tema que, para além da questão da tradutibilidade entre línguas de raízes estranhas, trata da *incomensurabilidade entre sistemas de crenças ou proposições*. A "imagem de mundo" de uma pessoa, sua cultura, pode-se dizer, é tido como um pano de fundo herdado da tradição cuja correção não é por ela certificada. As pessoas sequer são efetivamente convencidas de sua cultura. As proposições que descrevem essa imagem do mundo, segundo Wittgenstein, assemelham-se às regras de um jogo, e é com base nessas regras, e a partir delas, que o verdadeiro e o falso se diferenciam.

A refutação ou a confirmação de uma assunção, portanto, ocorre já no interior de um sistema que não é ele mesmo um ponto de vista duvidoso, mas sim um elemento vital da própria argumentação. Quem quer que quisesse duvidar de tudo, não chegaria nem mesmo a duvidar de algo, pois o próprio jogo da dúvida pressupõe a certeza. Na verdade, antes de duvidar de uma proposição isolada, já acreditamos em todo um sistema de proposições, em uma totalidade de juízos que se apoiam mutuamente e nos servem de referência.[170]

Não passou despercebido o fato de que existem também supostos pontos de contato entre a abordagem de Wittgenstein e a de Whorf.[171] Essa percepção foi reforçada pela maneira como ambos utilizam o termo *gramática*, palavra equívoca que ganhou destaque crescente na linguística moderna. Para Whorf, conforme vimos, a gramática de uma língua — que ele define como o sistema linguístico de fundo — molda as ideias, e o processo de formulação de ideias varia de um grupo humano para outro de acordo com a distância entre suas respectivas gramáticas. Para Wittgenstein, em uma direção semelhante, "a harmonia entre pensamento e realidade deve-se encontrar na gramática da linguagem".[172] Assim como Whorf, Wittgenstein não toma a palavra *gramática* no seu sentido trivial, entendida como um sistema externo idealizado que define o modo de empregar uma palavra na construção de uma frase; antes, compreende-a também como as regras da linguagem *ordinária* que descrevem de que maneira usamos as palavras para justificar e criticar nossas expressões particulares. Não como uma abstração, portanto, mas como parte de uma atividade ou mesmo de uma forma de vida.

Nesse sentido, ele diz:

> Poder-se-ia distinguir, no uso de uma palavra, uma "gramática superficial" de uma "gramática profunda". Aquilo que se impregna diretamente em nós, pelo uso de uma palavra, é o seu modo de emprego na construção da frase; a parte do seu uso — poderíamos dizer — que se pode apreender com o ouvido. E agora compare a gramática profunda da expressão "ter em mente"

(*meinen*), por exemplo, com aquilo que a gramática superficial nos permitiria conjecturar.[173]

Para Wittgenstein, contudo — e essa é uma diferença fundamental —, a gramática profunda relevante não é a gramática das línguas, como sugere Whorf, mas sim a *gramática das formas de vida*, tese que se aproxima da perspectiva do presente estudo.

É A PARTIR DESSA GRAMÁTICA PROFUNDA das formas de vida que Peter Winch desenvolve seu ponto de vista. Se, para Quine, a filosofia não goza de nenhuma vantagem epistemológica sobre a ciência, Winch defende uma tese ainda mais surpreendente: a de que o pensamento científico não pode ser considerado mais inteligível do que o pensamento mágico. A "indistinção" entre verdades analíticas e verdades sintéticas ganha um novo significado, dado que Winch relativiza o próprio conceito de racionalidade: "Dizer de uma sociedade que ela tem uma língua é também dizer que ela tem um conceito de racionalidade".[174]

Para ele, numa sociedade primitiva, a aceitação de novas expressões verbais e ações se dá, num plano geral, da mesma forma que em qualquer outra sociedade: toda nova expressão verbal ou ação deve ser inteligível aos demais membros, à luz de tudo o que já foi dito e feito antes, mas é por meio da *gramática própria* de uma comunidade que se compreende o sentido das novas maneiras propostas de falar e agir, e não de um padrão universal de racionalidade.

As novas maneiras de falar e agir podem até envolver modificações da gramática profunda, mas a nova regra deve estar relacionada de modo inteligível com a anterior. Isso significa que uma fala ou uma ação pode parecer racional a alguém somente nos termos do seu próprio entendimento sobre o que é ou não racional. Assim, não faz sentido julgar o comportamento de alguém como irracional se com ele não compartilhamos o mesmo conceito de racionalidade.

Isso não implica abandonar a ideia de que as formulações e ações de alguém não devam ser, em qualquer contexto, verificáveis por referência à realidade, mas esse procedimento, segundo Winch, não é exclusivo da ciência que, erroneamente, presume que apenas seu "método" garante enunciados de acordo com ela. Até porque mesmo o conceito de realidade deve ser problematizado.

Para Winch, "a realidade não é o que confere sentido à linguagem. O que é real e o que é irreal se revelam *no* sentido que a linguagem possui. Mais ainda, tanto a distinção entre real e irreal e o conceito de acordo com a realidade pertencem eles mesmos à nossa linguagem".[175]

Nem mesmo o pensamento científico escapa a essa regra, uma vez que, segundo Winch, "a natureza geral dos dados revelados pelo experimento só podem ser especificados nos termos dos critérios embutidos nos métodos de experimentação empregados, e estes, por sua vez, só fazem sentido para alguém familiarizado com o tipo de atividade científica dentro da qual eles são empregados".[176]

Winch quer dizer que os cientistas têm uma gramática tanto quanto os feiticeiros têm a sua. O homem arcaico entende a feitiçaria como o poder de fazer mal a alguém por meios místicos. Ele sabe que, assim como o homem moderno, os animais selvagens, os insetos, o fogo etc. podem causar danos a uma pessoa. Não há necessidade de nenhum procedimento especial para compreender a morte de alguém causada, por exemplo, pelo ataque de um elefante.

Não cabe à feitiçaria explicar, portanto, *como* o dano foi causado, o que nos é dado imediatamente pela percepção do evento em questão, mas sim informar *por que* o dano ocorreu. A revelação do *por que* é mediada, e ela se dá pela consulta aos oráculos. E eis que surge a questão: "É errado consultar um oráculo e orientar-se por ele?", pergunta Wittgenstein. "Se chamamos a isso 'errado', já não partimos do nosso jogo de linguagem para *combater* [o jogo das pessoas que o consultaram]?"[177] Por qual critério, pergunta Winch, poderíamos chamar essa prática de irracional, errada, sem sentido ou ininteligível?

A ciência responde que é possível afastar o pensamento mágico, demonstrando que ele está envolto em contradição. Sugere duas formas de demonstração: 1) duas declarações oraculares podem se contradizer frontalmente; 2) uma declaração oracular pode ser contraditada pela experiência futura. A consulta oracular entre o povo azande, por exemplo, é feita pela administração ritualística de uma substância (um veneno oracular) a uma galinha cuja morte ou sobrevivência está associada, respectivamente, a um sim ou a um não à pergunta formulada.

No primeiro caso, de contradição entre duas respostas, muitas "explicações" podem ser apresentadas: a qualidade ruim do veneno, a impureza do operador do oráculo, a formulação equívoca da pergunta, a influência da feitiçaria sobre a própria consulta etc. No segundo caso, de uma experiência futura contradizer a declaração, deve-se compreender que a resposta oracular para o homem primitivo não equivale àquilo que um cientista considera sujeito à confirmação ou à refutação empírica. As revelações oraculares não são hipóteses a confirmar, mas a expressão da forma pela qual membros de uma comunidade primitiva decidem como agir.

As noções místicas estão, portanto, inter-relacionadas por um conjunto de vínculos lógicos que dão coerência às formulações e ações daquela forma de vida. "As noções zande de bruxaria não constituem um sistema teórico pelo qual os azande tentam conquistar um entendimento semicientífico do mundo. Isso, por sua vez, sugere que o culpado pela incompreensão não são os azande, mas o europeu, obcecado em empurrar o pensamento zande para uma região à qual ele não iria naturalmente — para uma contradição."[178]

Apesar de os azande não disporem de categorias que permitam diferenciar o científico do não científico, eles têm uma clara compreensão daquilo que separa o técnico do mágico; tanto que suas atividades práticas, voltadas para a reprodução material da comunidade, seguem um padrão coerente de ação e cooperação. Segundo Winch, no entanto, o que deveria estar em jogo no estudo de outras culturas não são as diferentes possibilidades técnicas de fazer as coisas, mas as diferentes formas de dar sentido à vida humana como um todo: "Meu objetivo não é moralizar, mas sugerir que o conceito de *aprender com*, envolvido no estudo de outras culturas, relaciona-se intimamente ao conceito de *sabedoria*".[179]

Winch chama a atenção para o fato de julgarmos as diferentes culturas de acordo com os padrões de referência da nossa própria cultura. Há razões para isso. Dissemos, acima, que a revolução neolítica estabeleceu a relação sujeito-objeto, e que a Revolução Industrial interverteu essa relação. Recorde-se que as práticas mágicas pré-neolíticas ignoram, de certa maneira, a distinção entre mundo não humano (natureza) e mundo humano (cultura), ou seja, entre mundo objetivo e mundo social.

Uma confusão análoga também se revela entre cultura e mundo subjetivo. À natureza não objetificada corresponde uma linguagem preconceitual (e tautológica, se quisermos), que impede a formação do conceito de mundo externo (objetivo) e do conceito de mundo interno (subjetivo). Isso não significa dizer apenas que o mundo objetivo, o mundo social e o mundo subjetivo se confundem nas práticas mágicas, senão que, de maneira mais radical, a própria diferenciação entre linguagem e mundo se mostra prejudicada.

A magia, sem dúvida, guarda semelhanças, como ensina Mauss, com a técnica e com a ciência. Magia, ofícios e ciência respeitam certas regras e visam produzir efeitos. No caso dos ofícios, o mágico, tanto quanto o artesão, faz gestos regulados de modo uniforme, mas, no caso da técnica, "o efeito é concebido como produzido mecanicamente", enquanto, no caso da magia, "reina todo um mundo de ideias que faz com que os movimentos, os gestos rituais, sejam reputados detentores de uma eficácia muito especial, diferente de sua eficácia mecânica".[180]

Diferente da religião, fenômeno coletivo em todas as suas partes, a magia, a técnica e a ciência têm outra afinidade. Essas atividades "não são coletivas em todas as suas partes essenciais, e uma vez que, embora sendo funções sociais, embora tendo a sociedade por beneficiária e veículo, elas têm por promotores apenas indivíduos".[181] Mauss, contudo, considera difícil assimilar a magia às ciências e às artes, pois não pôde constatar na magia o que é próprio dos ofícios e da ciência, uma "atividade criadora ou crítica dos indivíduos".[182]

Em suma, o pensamento mágico não estabelece as distinções semióticas entre o substrato sígnico, o conteúdo semântico e o referente ao qual a expressão linguística se relaciona, o que só vem a ocorrer na esteira do processo histórico de dessocialização da natureza e de desnaturalização da sociedade. Essa é a essência da revolução neolítica, que põe a relação sujeito-objeto. A Revolução Industrial, por sua vez, inverte essa relação. Como já assinalamos, a grande contribuição do materialismo histórico foi demonstrar que, na modernidade, a segunda natureza assumiu o comando do processo social, diante de seres humanos reificados e de uma primeira natureza nulificada.

A combinação disruptiva entre máquina e trabalho assalariado promoveu a subjetificação da segunda natureza, enquanto transformou os seres humanos em suportes de um processo que eles simplesmente não controlam. À subjetificação da segunda natureza corresponde, portanto, a objetificação da sociedade: os sujeitos se tornam objetificados e a primeira natureza perde o lugar. A chamada crise ecológica é apenas um corolário da inversão material que a Revolução Industrial produz.

Diante disso, soa "compreensível" que o homem moderno olhe para as sociedades pré-modernas com ar de superioridade, diante do atual domínio técnico e científico da natureza em comparação com qualquer período da história, ainda que, para isso, tenha que abstrair os danos ambientais e os danos subjetivos causados pela racionalidade da sociedade moderna como um todo. A sugestão de Winch passa justamente por estudar as outras culturas a partir de um conceito que, de certa maneira, transcende o conceito de racionalidade.

Winch sugere — e essa é sua grande contribuição ao debate — que *as racionalidades* das sociedades paleolíticas, neolíticas e modernas são diferentes e incomparáveis nos seus próprios termos. Nos marcos deste estudo, basta pensar na relação sujeito-objeto no contexto de cada um desses tipos. Enquanto nas sociedades paleolíticas a *razão* entre sujeito e objeto não está sequer estruturada, nas sociedades neolíticas e nas sociedades modernas, numerador (sujeito) e denominador (objeto) estão em posições invertidas, na comparação de uma com a outra.

Como, segundo Winch, não há uma relação hierárquica quantitativa entre tais racionalidades (a sociedade paleolítica não é mais nem menos racional do que a sociedade moderna), ele vincula o processo de aprendizado de uma cultura com outra ao conceito de *sabedoria*. A sabedoria, entretanto, ao longo da história, não tem servido à contenção do processo de alienização, extermínio e subjugação que tem caracterizado a dinâmica revolutiva das culturas, cujo destino vem sendo decidido pelo poder de fogo de cada qual, sobretudo em relação às sociedades arcaicas.

Clifford Geertz parte, tanto quanto Winch, do mesmo Wittgenstein das *Investigações filosóficas*, do qual se declara discípulo, para defender um conceito semiótico de cultura em que o homem é visto como um animal amarrado a teias simbólicas que ele mesmo teceu, cabendo à antropologia converter-se não em uma ciência experimental em busca de leis, mas em uma ciência interpretativa em busca de significado.

A descrição antropológica das culturas deve, assim, ser elaborada nos termos das construções que, imagina-se, os sujeitos envolvidos edificam ao longo da vida que levam e das fórmulas que usam para definir o que lhes acontece. Para Geertz, "há três características da descrição etnográfica: 1) ela é interpretativa; 2) o que ela interpreta é o fluxo do discurso social e 3) a interpretação envolvida consiste em tentar salvar o 'dito' num tal discurso da sua possibilidade de extinguir-se e fixá-lo em formas pesquisáveis".[183] A abordagem semiótica visa, assim, auxiliar o antropólogo a ter acesso a um mundo conceitual não familiar no qual vivem os sujeitos cuja forma de vida cabe a ele interpretar.

Geertz, é evidente, tem ciência dos riscos de essa proposta cair no subjetivismo ou numa espécie de esteticismo sociológico, perdendo contato com as superfícies duras das realidades estratificadoras da economia e da política, bem como das necessidades físicas e biológicas sobre as quais elas repousam. Seu "modelo", entretanto, rompe com o que ele chama de *concepção estratigráfica* do homem, segundo a qual ele é um composto de "níveis" sobrepostos, completos e irredutíveis, como se, sob as formas de cultura, se encontrassem as estruturas da organização social; debaixo delas, os fatores psicológicos; e, na base de todo o edifício da vida humana, os fundamentos biológicos, sejam anatômicos, fisiológicos ou neurológicos.

Em seu lugar, Geertz propõe uma concepção sintética, na qual todos esses fatores — biológicos, psicológicos, sociológicos e culturais — possam ser tratados como variáveis dentro do mesmo sistema de análise. Dessa perspectiva, a cultura deixa de ser vista como complexos de padrões de comportamento e passa a ser considerada como um conjunto de mecanismos de controle ou, de maneira mais específica, como programas computacionais para governar o comportamento humano.

Segundo essa concepção, o ser humano é precisamente isso, um animal caracterizado pela dependência de sistemas organizados de símbolos significantes de controle extragenético, sem os quais seu comportamento seria ingovernável, um caos sem sentido de explosões emocionais. Como ao homem, de acordo com Geertz, foram dadas de forma inata apenas capacidades de resposta extremamente gerais, que a um só tempo têm a vantagem da plasticidade e a desvantagem da inespecificidade, a cultura, como totalidade acumulada de sistemas de controle simbólicos, é a condição essencial da existência humana e a base da sua singularidade.

Em relação à psicologia evolutiva, torna-se fácil a comparação. Tanto Geertz quanto Cosmides e Tooby estão de acordo quanto à necessidade de pressupor um grande número de mecanismos especializados para explicar o alto desempenho dos seres humanos, sem os quais não teríamos as competências necessárias para sobreviver. Uma capacidade genérica de respostas, por mais sofisticada que seja, não oferece condições de processar informações na velocidade necessária para a obtenção de resultados eficazes.

Quanto mais complexos os problemas a enfrentar, maior a necessidade de regras específicas de domínio de relevância, procedimentos especializados e hipóteses prévias para encaminhá-los. Contudo, para os psicólogos evolutivos, esses mecanismos já se encontram no cérebro humano evoluído. Para eles, o cérebro não é um computador de propósitos gerais; antes, é composto de um conjunto de órgãos mentais especializados que, longe de nos livrar de instintos, incorporou novos.

Para Geertz, ao contrário, as capacidades humanas inatas são genéricas; é a cultura, como conjunto de sistemas simbólicos de controle extragenético, situados "fora da pele", que estabiliza o comportamento do ser humano e lhe dá pronta capacidade de resposta.

Não há como, neste momento, não notar as semelhanças, ainda que com algumas nuances importantes, entre a antropologia interpretativa de Geertz e a antropologia filosófica de Gehlen. Como vimos, para Gehlen, sem a cultura, o comportamento do ser humano seria marcado pela insegurança e a ingovernabilidade. As instituições, criadas pelo próprio homem, funcionam justamente como um sistema pulsional que garante a previsibilidade e a quase automaticidade das reações humanas a quaisquer condições externas. Além disso, Gehlen, à sua maneira, rompe também com o que Geertz chama de concepção estratigráfica do homem. Para tanto, recorre à ontologia de Hartmann, que admite a existência conjunta de estratos *permeáveis* a partir das quais se estrutura o mundo.

Geertz, de sua parte, saúda três avanços da ciência sobre a compreensão da emergência do *Homo sapiens*. Em primeiro lugar, tudo indica que se deva descartar a perspectiva sequencial das relações entre o avanço biológico e cultural segundo a qual o primeiro, o biológico, foi completado antes que o segundo, o cultural, tivesse início, como se uma mudança genética marginal de alguma espécie a tornasse capaz de repentinamente produzir cultura.

Para Geertz, a evidência empírica sugere que tal momento não existiu, abraçando a tese de que o processo envolveu muitas mudanças genéticas marginais em uma sequência longa e complexa. "Isso significa", defende ele, "que a cultura, em vez de ser acrescentada, por assim dizer, a um animal acabado ou virtualmente acabado, foi um ingrediente, e um ingrediente essencial, na produção desse mesmo animal."[184] Em segundo lugar, deve-se considerar que a maior parte das mudanças biológicas que produziram o homem moderno ocorreu no cérebro.

O australopiteco proto-humano de cérebro pequeno deu lugar ao *Homo sapiens* de cérebro grande. Geertz observa nesse percurso um processo de feedback: "Entre o padrão cultural, o corpo e o cérebro foi criado um sistema de retroalimentação positiva, no qual cada um modelava o progresso do outro, um sistema no qual a interação entre o uso crescente das ferramentas, a mudança da anatomia da mão e a representação expandida do polegar no córtex é apenas um dos exemplos mais gráficos."[185]

Para Geertz, não existe a chamada natureza humana independentemente da cultura. Sem símbolos significantes, apenas a partir dos nossos poucos instintos úteis, seríamos incapazes de dirigir nosso comportamento e organizar nossa experiência. Os símbolos são, portanto, pré-requisitos da nossa própria existência biológica, psicológica e social. Por fim, Geertz sublinha o caráter incompleto e inacabado do homem em termos físicos, que é a condição que o obriga a aprender para poder funcionar; aprender, portanto, é menos uma faculdade do que uma necessidade.

E aqui entra em cena uma característica marcante da antropologia interpretativa de Geertz: "*Nos completamos não através da cultura em geral, mas através de formas altamente particulares de cultura*".[186] Não existe, para ele, "o padrão cultural universal" (Wissler), "tipos institucionais universais" (Malinowski), "denominadores comuns da cultura" (Murdock) ou "categorias universais de cultura" (Kluckhohn). Os chamados "universais culturais" são, na prática, "universais falsificados", na expressão de Kroeber, pois são conceitos tão gerais que a força explicativa que porventura tenham simplesmente se evapora no bojo da generalização.

> Se quisermos descobrir quanto vale o homem, só poderemos descobri-lo naquilo que os homens são: e o que os homens são, acima de todas as coisas, é variado. É na compreensão dessa variedade — seu alcance, sua natureza, sua base e suas implicações — que chegaremos a construir um conceito de natureza humana que [...] contenha ao mesmo tempo substância e verdade.[187]

De acordo com Geertz, a pesquisa antropológica sugere que as disposições mentais do homem não são geneticamente anteriores à cultura. Segundo ele, a acumulação cultural já estava encaminhada antes de cessar o desenvolvimento orgânico, tendo a cultura desempenhado um papel ativo nos estágios finais do processo, sobretudo no que concerne à própria expansão do cérebro, fenômeno que se seguiu, e não precedeu, o início da cultura.

A natureza humana, dessa forma, parece ser um produto tanto cultural quanto biológico, forjado durante um período de rápidas variações ambientais, em que se fizeram presentes as condições ideais para um veloz desenvolvimento evolutivo do homem, o Pleistoceno, a partir do qual o ambiente cultural suplementou de maneira crescente o ambiente natural no processo de seleção.

Há coevolução entre biologia e cultura, portanto, mas, ao contrário do que pensam os biólogos da coevolução, ela é restrita ao processo de hominização. Quando ele se completa, o elo entre mudança cultural e mudança orgânica enfraquece, se é que não se rompe.

Geertz reconhece ser duvidoso que um primata infra-hominídeo tenha possuído uma *cultura verdadeira*, enquanto sistema ordenado de significados e símbolos, mas reafirma que *os macacos são criaturas sociais* capazes de atuar através do aprendizado imitativo e desempenhar tradições sociais coletivas que são transmitidas de geração para geração como herança não biológica, e que exerceram papel considerável no processo de hominização. Geertz, aqui, simplesmente confunde o social com o cultural. Uma coisa é dizer que práticas sociais precederam o aparecimento da linguagem simbólica, em termos evolutivos, e outra coisa é dizer que havia cultura onde não havia símbolos.

Por fim, Geertz conclui que seu posicionamento não implica negar a doutrina de unidade psíquica da humanidade, uma vez que

> a diferenciação filética dentro da linha do hominídeo cessou, efetivamente, com a difusão do *Homo sapiens* no terminal pleistoceno em praticamente todo o mundo e a extinção de qualquer outra espécie de *Homo* porventura existente nesse período. Assim, a despeito de terem ocorrido algumas mudanças evolutivas menores desde a ascensão do homem moderno, todos os povos vivos fazem parte de uma única espécie politípica e, como tal, variam anatômica e psicologicamente dentro de limites muito estreitos.[188]

Note-se, até aqui, que nesse percurso que vai, por um lado, de Uexküll a Bertalanffy, passando por Whorf, e, por outro, de

Gehlen a Winch e Geertz, passando por Wittgenstein, o tema sugerido neste estudo da alienização como processo estruturador de relações triádicas contraditórias aparece no universo da linguística com a mesma timidez com que aparece no debate antropológico. Entre os biólogos, a situação é compreensível.

Não há contradição na natureza simplesmente porque, na dimensão não simbólica, não há temporalidade histórica. Soa razoável, portanto, mesmo para aquele biólogo que reconhece a existência de uma dimensão simbólica relativamente descolada da genética, querer aplicar, ainda assim, o binômio variação-seleção também à evolução cultural. A cultura, no entanto, não evolui. Ela tampouco se desenvolve; pelo menos, não no sentido em que a sociologia (veja-se Habermas) pretende transpor ao plano filogenético os conceitos ontogenéticos da teoria do desenvolvimento cognitivo (Piaget) e moral (Kohlberg). *A cultura revolui.*

No campo da antropologia e da linguística, a história poderia ter sido outra. Herder poderia ter dado consequência a sua "terceira lei natural", caminho certamente possível, sobretudo se tivesse vivido o suficiente para conhecer as lições de Iena do jovem Hegel. Ou Gehlen, diligente leitor de ambos. Whorf poderia ter percebido que a questão central não era a relatividade das línguas (*tongues*), mas as propriedades da linguagem simbólica ela mesma, que se manteriam ativas ainda que todos nós nos comunicássemos em esperanto. Winch e Geertz poderiam ter expandido o argumento pouco desenvolvido por Wittgenstein, presente em *Da certeza*, onde ele imagina como seria um conflito entre duas formas de vida diferentes:

> Quando se encontram dois princípios que não podem conciliar-se um com o outro, os que defendem um declaram os outros loucos

> e heréticos. § 612 Eu disse que "combateria" o outro homem — mas não lhe indicaria razões? Certamente; mas até onde é que chegam? No fim das razões vem a persuasão. (Pense no que acontece quando os missionários convertem os nativos.)[189]

Bastaria que Winch e Geertz pensassem, na esteira de Wittgenstein, no que acontece quando conquistadores convertem nativos em seres despessoalizados e tratam estrangeiros como heréticos alienizados. Mas, para isso, não poderiam ter contornado o problema da contradição: no caso de Winch, aceitando as diferentes "racionalidades" como uma das fontes de alienização; no caso de Geertz, buscando não apenas o significado das teias simbólicas que o homem teceu, mas o sentido (no tempo) da projeção simbólica dos grupos humanos, que contempla projetos antagônicos.

A linguística, contudo, por força da biologia, tomou outro caminho e desviou o foco das atenções para um debate muito pouco promissor. Dissemos em outro momento: tirante os instintos que, como seres biológicos, compartilhamos com outros mamíferos, os "instintos" que a psicologia evolutiva atribui ao ser humano são resultado do processo histórico, seja o "instinto" tribal ou o "instinto" religioso. Nosso estudo revelou que a economia e a religião são desdobramentos do processo de alienização que tem como pressuposto a linguagem simbólica — a qual, por suas propriedades intrínsecas, projeta os grupos humanos na temporalidade.

Até mesmo o estruturalismo de Lévi-Strauss depara-se com essa questão quando afirma que "desde o nosso nascimento, aqueles que nos cercam instilam em nós, por uma série de procedimentos conscientes e inconscientes, um sistema complexo de referências composto de julgamentos de valor, motivações, focos de interesse e inclusive *a visão reflexiva que a educação nos impõe do devir histórico de nossa civilização*" (grifo meu).[190]

Ora, Lévi-Strauss reconhece, em seguida, que o movimento do "devir histórico" *entre* as diversas culturas depende da "*quantidade de informação* suscetível de 'passar' entre dois indivíduos ou grupos, em função do grau de diferença entre suas respectivas culturas".[191] Estavam dadas as bases para um salto além do estruturalismo, que não ocorreu. Faltou a Lévi-Strauss admitir que o "grau de diferença entre culturas" pode ser de tal ordem que a palavra *diferença*, em muitos casos, não tem mais nenhum poder explicativo. É nesse momento que a dialética se impõe e desnuda a insuficiência do pensamento estruturalista que, como já foi notado por Tremlett,[192] mantém afinidades com a psicologia evolutiva. A passagem da história estacionária para a história cumulativa poderia lhe sugerir um caminho que evitasse essa indesejável aproximação.

Foi por essa razão que deixamos propositalmente para o final aquele que, na minha avaliação, é o "instinto" que exige o maior cuidado, justamente por ensejar os maiores equívocos. Tratar a linguagem simbólica como um instinto é simplesmente errôneo. Claro que sempre se pode recorrer ao argumento de que tudo depende de qual definição de instinto se adota. Sendo uma palavra dada a controvérsias, os debates em torno do tema tendem a permanecer inconclusivos.

Konrad Lorenz (1937), por exemplo, dedicou um ensaio alentado apenas para refutar as inexatas concepções apresentadas por grandes teóricos do instinto, sem, naturalmente, pôr fim à discussão.[193] A psicologia evolutiva, contudo, recorreu, inadvertidamente, a William James para, a partir de uma observação lateral de seu *The Principles of Psychology* (1890), extrair um postulado sobre a natureza da linguagem.

Nessa obra, James comete o erro que, na minha avaliação, está na raiz dos equívocos da psicologia evolutiva. A certa altura da obra, James parte da premissa razoável de que "*every instinct is an impulse*" (todo instinto é um impulso) para dela deduzir a falsa conclusão de que, reciprocamente, todo impulso é um instinto. Faz isso rejeitando a definição usual segundo a qual instinto é a faculdade de agir para produzir certos fins não previstos ou sem prévia educação.

Essa visão mais contida, que James recusa, restringe o conceito àquelas ações reflexas, cegas e invariáveis, de preservação de si e da descendência, entre outras do tipo. Nesse contexto, o ser humano é visto como alguém quase desprovido de instintos (Herder, Gehlen), que compensa o déficit de instintos com aquilo a que chamamos razão. Se, entretanto, alargarmos, como quer James, o conceito de instinto para contemplar todos os impulsos, quaisquer que sejam, até mesmo o de agir a partir da ideia de um fato longínquo, seria impossível restringi-los às ações feitas sem previsão de um fim. Nesse caso, a situação, segundo James, se inverteria radicalmente a favor do ser humano que dispõe de uma variedade muito maior de impulsos do que qualquer outro animal.

Todos os impulsos, segundo James, são tão cegos quanto os instintos mais básicos, mas, devido à memória do ser humano, ao poder de reflexão e de inferência, assim que ele se deixa guiar por esses impulsos e experimenta seus resultados, passa a senti-los em conexão com os resultados previstos. A razão e a experiência levam-no a "enxergar" mais à frente. Disso resulta que entre razão e instinto não há antagonismo, uma vez que a razão não pode por si mesma inibir um instinto, mas tão somente neutralizar, pela excitação da imaginação, um instinto pela ativação de outro. Tampouco trata-se de algum tipo de compensação da evolução: mais razão em troca de menos instintos. Somos, segundo James, simultaneamente, mais instintivos e mais racionais do que os outros animais.

Entra em cena, aqui, um argumento de William James pouco explorado pela psicologia evolutiva, o que, de certa maneira, revela as aporias de sua abordagem. Sem pretender ignorar as contradições específicas da vida humana inexistentes na natureza, James as incorpora à psique, naturalizando-as por meio de sua teoria dos instintos. De acordo com ele,

> *a natureza implanta impulsos contrários para agir numa classe variada de coisas* e deixa que discretas alterações nas condições de cada caso individual decidam que impulso há de prevalecer; dessa forma, cobiça e suspeita, curiosidade e timidez, pudicícia ou desejo, pudor ou vaidade, sociabilidade ou belicosidade, como que se atravessam, permanecendo numa condição de equilíbrio instável, tão rapidamente nas aves e nos mamíferos superiores quanto no homem. São todos impulsos — congênitos, inicialmente cegos e deflagadores de reações motoras de um tipo rigorosamente determinado. *Cada um deles, então, é um instinto*, como definimos geralmente os instintos. Mas eles se contradizem — a questão geralmente sendo decidida pela "experiência" em cada oportunidade particular de aplicação. O animal que os exibe perde a postura "instintiva" e parece levar uma vida de hesitação e escolha, uma vida intelectual; não porque não possua instintos — mas porque os tem em tão grande número que eles atravancam o caminho uns dos outros.[194]

Da mesma maneira que a psicologia evolutiva demonstra simpatia com algumas premissas da antropologia funcionalista de Malinowski, ela igualmente se deixa inspirar pela psicologia funcional de William James. Ao tratar os impulsos humanos como instintos, no entanto, a psicologia funcional não apenas tem que lidar com a hipótese extravagante de que "instintos contraditórios" podem desnortear o comportamento, o que parece contrariar a própria ideia de instinto, como também fica a um passo de encarar a linguagem simbólica, tida como um impulso do falar, como um instinto. A hipótese encontraria amparo na obra do próprio Darwin, de quem James foi seguidor, quando afirma que

> a linguagem é uma arte, como a fermentação e a cozedura; mas a escrita teria sido uma comparação mais adequada. Não é, decerto, um instinto verdadeiro, pois toda linguagem tem de ser aprendida. Difere largamente, contudo, de todas as artes comuns, pois o homem tem uma tendência instintiva para a fala, como vemos nas articulações das crianças pequenas; ao passo que criança nenhuma demonstra uma tendência instintiva para preparar cervejas, cozinhar ou escrever.[195]

A inferência, contudo, é errônea. Esse passo equivocado é dado por Steven Pinker (1994). Em *The Language Instinct*, Pinker, preliminarmente, toma a providência de questionar a hipótese de Whorf sobre o determinismo linguístico que, como já vimos, sugere que os pensamentos de um indivíduo são determinados pelas categorias da gramática da sua língua ou, dito de outra forma, que o mundo é apreendido por meio de diferentes sistemas linguísticos existentes, de acordo com os padrões de cada língua. Pinker retoma as objeções a Whorf feitas por Eric Lenneberg, entre outros, para defender a tradutibilidade de qualquer pensamento de uma língua para outra.

Para ele, reconhecer a existência de diferentes formas de falar não equivale a reconhecer a existência de diferentes formas de pensar. Sabemos, em uma língua qualquer, que "Sócrates é um homem", não porque nós temos um padrão neural que associa cada palavra da frase a um grupo de neurônios que corresponde ao sujeito, verbo e objeto da sentença da língua em questão; preferencialmente, nós nos valemos de algum outro código para conceitos de representação e sua relação recíproca, uma língua do pensamento ou mentalês, a partir da qual o pensamento é transformado em cordões de palavras; ou seja, nós não pensamos em inglês ou apache, mas em mentalês, uma "língua" que pode ser traduzida para qualquer outra. A conexão entre mentalês e instinto é feita pelo recurso à gramática gerativa de Noam Chomsky.

É conhecida a polêmica entre Chomsky e o behaviorismo de Skinner. Para o último, o comportamento é explicado por um conjunto restrito de leis de aprendizagem baseada em um repertório de respostas possíveis a estímulos ambientais cuja probabilidade de voltar a ocorrer em contextos semelhantes é reforçada ou não à luz das consequências positivas ou negativas para a sobrevivência do organismo. A objeção de Chomsky é contundente. Para ele, a linguagem não é um repertório finito de respostas; antes, ela funciona como uma gramática mental que produz um ilimitado conjunto de sentenças a partir de uma lista finita de palavras.

Sendo assim, a premissa do behaviorismo enfraquece. A evidência mais forte dessa hipótese é o comportamento de crianças que, mesmo sem nenhuma instrução formal, desenvolvem essa complexa gramática que as habilita a dar interpretações consistentes a novas construções de frases com as quais jamais tiveram contato. Essa capacidade de linguagem, segundo Chomsky, só pode ser inata; e a aquisição de uma estrutura cognitiva tal como a linguagem deveria ser estudada de forma semelhante como estudamos um órgão complexo do corpo.

Nos termos de Pinker,

> a linguagem não é um artefato cultural que aprendemos como aprendemos a ler as horas ou como o governo federal funciona. É, antes, uma peça específica da composição biológica dos nossos cérebros. A linguagem é uma habilidade complexa e especializada, que se desenvolve espontaneamente na criança sem esforço consciente ou instrução formal, é empregada sem consciência de sua lógica subjacente, é qualitativamente a mesma em todos os indivíduos e se distingue de capacidades mais gerais de processar informação ou de se comportar de maneira inteligente. Por essas razões, alguns cientistas cognitivos têm descrito a linguagem como uma faculdade psicológica, um órgão mental, um sistema neural e um módulo computacional. Mas prefiro um termo, admito, mais antiquado: instinto.[196]

Note-se que há dois tipos de argumento que podem se confundir: a defesa do caráter inato da linguagem e a defesa do seu caráter instintivo. Como veremos em mais detalhes adiante, Chomsky argumenta que a linguagem é um "artefato" biológico e não cultural. Pinker (1990) o contraria ao defender, por meio de um darwinismo ortodoxo, que a linguagem é instintiva — produto direto da seleção natural e não um efeito colateral de outras forças evolucionárias, seja uma exaptação (pré-adaptação), seja um *spandrel*.[197]

A defesa do caráter instintivo recorre a argumentos, não conflitantes com o inatismo, que observam a capacidade das crianças de reinventar a linguagem quando a situação exige, não porque sejam espertas, não porque sejam ensinadas, ou porque a linguagem lhes é útil, mas porque elas simplesmente não conseguem evitar fazê-lo, como nos casos de formação das línguas crioulas, criadas a partir de uma língua de contato (*pidgin*), processo no qual as crianças injetam complexidade gramatical onde nenhuma gramática existia.

Cabe registrar que, para Pinker, a comprovação completa de que a linguagem é um instinto exigiria, ainda, a localização de um espaço identificável para ela no cérebro e, talvez, de um grupo de genes responsável por "situá-la" no lugar certo. Embora reconheça que ninguém ainda localizou um órgão de linguagem ou um gene da gramática, Pinker afirma que pesquisas promissoras demonstram que deficiências intelectuais severas não necessariamente limitam uma linguagem gramatical fluente, o que reforça a perspectiva da psicologia evolutiva.

Vale dizer, por fim, que para os psicólogos evolutivos não há, de fato, uma divergência profunda entre o behaviorismo radical de Skinner e o inatismo de Chomsky, pois ambos defendem a existência de mecanismos psicológicos evoluídos universais sem os quais a própria aprendizagem não poderia ocorrer. A controvérsia gira em torno de quão geral ou específico esses mecanismos são: "Skinner propõe mecanismos condicionantes que se aplicam a todas as situações, ao passo que Chomsky propõe mecanismos especializados, projetados particularmente para a linguagem".[198]

A aprendizagem, nesse contexto, não é, portanto, uma alternativa ao inatismo, uma vez que os próprios behavioristas reconhecem que há premissas para a aprendizagem que não podem elas mesmas ser aprendidas. "Por isso não há paradoxo em dizer que a flexibilidade no *comportamento* aprendido requer restrições inatas na *mente*."[199]

Pinker conclui seu livro listando, à maneira de William James, os "instintos" especificamente humanos (incluindo a linguagem) que ele entende associados a módulos cerebrais computacionais específicos da espécie, numa perspectiva da qual já nos distanciamos quando discutimos os supostos "instintos" tribal e religioso. Fixemo-nos, portanto, no "instinto da linguagem".

Tomasello, numa resenha do livro de Pinker, oferece objeções bastante convincentes sobre a impropriedade de caracterizar a linguagem como um instinto. "No entendimento comum tanto dos cientistas quanto dos leigos, um instinto é uma competência comportamental, ou um conjunto de competências comportamentais, que: a) é relativamente estereotipada em sua expressão comportamental, e b) surgiria por ontogênese* mesmo se um indivíduo crescesse isolado do conjunto de experiências típicas de sua espécie."[200]

Uma alternativa menos rígida da tese da aquisição da linguagem, não na forma chomskyana de estruturas linguísticas preformadas no genoma humano, sem dispensar, contudo, os reconhecidos fundamentos biológicos da linguagem, é o que Tomasello pretende apresentar. Chomsky teria recorrido a hipóteses fortes, não verificáveis, para defender seu ponto de vista: a hipótese de que o módulo de sintaxe inato contém o projeto básico (*bauplan*) de todas as línguas possíveis; e a hipótese de que as estruturas linguísticas não são aprendidas, mas apenas desencadeadas por insumos linguísticos.

Vale notar que a diferença entre Tomasello e Chomsky não diz respeito a se os seres humanos estão ou não biologicamente preparados para a aquisição da linguagem; antes, a questão é se eles vêm ao mundo equipados ou não com "um módulo linguístico inato que contenha as estruturas linguísticas iniciais no estilo de uma Gramática Gerativa".[201]

Assim, o fato universal de que todas as culturas dispõem de uma língua não implica a existência de genes da linguagem específicos, assim como o fato de cozinhar nossos alimentos e comer com as mãos não implica a existência de genes correspondentes, embora todas essas competências estejam inscritas de alguma forma no genoma humano. Pinker, como vimos, invoca a existência dos chamados sábios linguísticos (*linguistic savants*) — pessoas de muito baixo QI com capacidade de produzir complexas sentenças gramaticais — para propugnar a autonomia e o inatismo da sintaxe.

Contudo, segundo Tomasello, nos casos empíricos reportados, os adolescentes analisados tinham idade mental de quatro a seis anos, ou seja, a idade em que o ser humano, de acordo com o próprio Pinker, adquire as competências linguísticas de um adulto. Tomasello reforça essa mesma objeção com o seguinte argumento:

> Hoje se sabe bem, e Pinker o documenta, que há uma variação significativa na população humana no que diz respeito à localização das funções da linguagem no cérebro, com uma boa

> proporção dos indivíduos canhotos exibindo padrões atípicos de localização, e que crianças com lesões cerebrais muito frequentemente desenvolvem funções linguísticas em porções atípicas do cérebro.[202]

A ideia de um módulo cerebral dedicado próprio da linguagem soa frágil à luz dessas considerações.

Outras objeções de Tomasello me parecem menos vigorosas, como aquelas relativas ao domínio, por crianças, de regras gramaticais quanto a sua própria língua ou quanto ao papel que desempenham na formação de línguas crioulas. É notória a dificuldade lógica de formular uma questão a partir de uma sentença com dois verbos auxiliares. As crianças, no entanto, fazem-no com relativa naturalidade. A sentença "O homem que está correndo é careca" corresponde à pergunta "É careca o homem que está correndo?", e não "Está o homem que correndo é careca?". O exemplo sugere que o ser humano nasce equipado com alguns componentes linguísticos inatos.

Para Tomasello, entretanto, há muitas razões pelas quais as crianças não adotam a segunda fórmula; por exemplo, o fato de que elas jamais ouviram a palavra "que" seguida de um verbo no gerúndio. No caso das línguas crioulas, Tomasello argumenta que não se conhecem exatamente as condições sociais de aprendizado em que essas línguas foram formuladas e, portanto, o que as crianças envolvidas, de fato, ouviam. Ele conclui:

> Não há dúvida de que a aquisição da linguagem é um fenômeno desenvolvimental robusto e bem canalizado. As crianças adquirem habilidades básicas de competência linguística numa grande

> variedade de circunstâncias. Mas essa robustez por si só não explica a natureza dos mecanismos desenvolvimentais envolvidos. O despertar é uma função desenvolvimental talvez ainda mais pesadamente canalizada do que a linguagem, mas pesquisas recentes mostraram que ele não é regido por um programa genético específico que determine movimentos musculares ou outros componentes específicos do próprio despertar.[203]

As considerações de Tomasello não tiram a força da revolução chomskiana, pelo menos não da perspectiva que nos interessa neste estudo. Num de seus últimos livros, Chomsky adota uma abordagem menos exigente para defender seu ponto de vista. Em parceria com Robert C. Berwick, ele pretende explicar o que chama propriedade básica da linguagem, ou o fato de que "uma língua é um sistema computacional finito que produz uma infinidade de expressões" (uma formulação que já se encontra em Humboldt), o que requer alguma noção de recursividade,* conectado aos sistemas semântico-pragmático (pensamento) e sensório-motor não exclusivamente humano (som).

Chomsky se dispõe a enfrentar a divergência, já mencionada neste estudo, entre Wallace e Darwin. Wallace encontrava dificuldades em abordar a linguagem humana a partir de um tratamento adaptacionista convencional. Pinker, como vimos, adota o adaptacionismo darwinista. Chomsky propõe uma síntese entre Darwin e Wallace. Para Darwin, a seleção natural só age pelo aproveitamento de pequenas variações sucessivas, e não por saltos, diferente de Wallace, cujas inquietações encontram respaldo nas evidências empíricas trazidas à luz pelo livro seminal de Eric Lenneberg.

Chomsky celebra Lenneberg por várias razões, dentre as quais a de descobrir que a aquisição da linguagem pode acontecer apesar de graves patologias, a de perceber a dissociação entre sintaxe e outras faculdades cognitivas, a de fornecer evidências, a partir da análise de famílias com deficiência de linguagem, de que a linguagem tem um componente genético e, não menos importante, a de observar que, apesar disso, não há necessidade de conceber "genes para a linguagem".

Lenneberg, além disso, teria tomado partido da tese da descontinuidade da evolução da linguagem, o que implica algum tipo de "salto", a partir da evidência de que "a capacidade idêntica para a linguagem entre todas as raças sugere que esse fenômeno deve ter existido antes da diversificação racial".[204]

Se as diferenças biológicas entre as raças são mínimas, por qualquer critério, em relação à capacidade de linguagem, elas são nulas. A tese da descontinuidade implica também afastar os resultados de estudos recentes[205] de que os pré-requisitos biológicos computacionais básicos da linguagem humana já estão presentes em primatas não humanos. Para Chomsky, os mecanismos identificados por esses estudos são insuficientes para o que se encontra na linguagem humana.

A saída encontrada por Chomsky foi abandonar o paradigma darwinista determinístico da teoria da evolução por seleção natural e admitir um processo estocástico* (estatisticamente aleatório) de contingência e acaso, em que "*todas* as engrenagens do motor evolutivo — aptidão, migração, fertilidade, acasalamento, desenvolvimento e outros — estão sujeitos aos indignos golpes de sorte biológicos".[206]

Ao incorporar as descobertas de Mendel à teoria de Darwin, para salvá-la das suas inconsistências internas, os fundadores da Síntese Moderna — Wright, Fisher e Haldane — mostram como as leis da hereditariedade do primeiro promovem uma mudança na forma de enxergar como se altera a frequência de traços nas populações de geração a geração, mostrando como a própria aptidão é uma variável aleatória, uma vez que o mais apto de uma população em geral pode não deixar nenhuma descendência. Essa característica do processo evolutivo é ainda mais marcante justamente quando surgem características genuinamente novas, como a evolução da linguagem, em que as novas variantes de genes têm que escapar do que Chomsky chama de "poço gravitacional estocástico".

A evolução, portanto, tanto engatinha quanto anda aos pulos. Não fosse assim, seria muito difícil compreender fenômenos descritos por Maynard Smith e Szathmáry aos quais dão o nome de grandes transições. Desde a origem do DNA linear, passando pela sexualidade, até a origem da linguagem simbólica, quase todas as transições parecem confinadas a uma única linhagem, e algumas são devidas à introgressão genética,* como no caso do aparecimento dos eucariontes.* Por meio destes exemplos, Chomsky quer escapar da escolha rígida entre o micromutacionismo e aquilo que aparece como verdadeiros saltos, o que inclui o aparecimento da linguagem simbólica. O único fundador da Síntese Moderna que parece ter dado alguma abertura para essa hipótese foi J. B. S. Haldane, talvez pela admiração que nutria pela dialética da natureza de Engels que, apesar de equivocada, pode ter-lhe ampliado os horizontes.

Segundo Chomsky, o registro paleoarqueológico* para a linhagem *Homo* corrobora a visão não gradualista para o aparecimento da linguagem humana. A confecção dos primeiros artefatos inequivocamente simbólicos, por exemplo, datam de apenas 80 mil anos. Nesse momento, o homem moderno convivia com o homem de Neandertal, que surgiu há cerca de 400 mil anos e se extinguiu há 28 mil anos. Ambas as espécies derivaram de um ancestral comum, o *Homo heidelbergensis*, e conviveram após a migração do *Homo sapiens* para a Eurásia.

Os neandertais possuem grandes porções de seu DNA similares às sequências dos humanos modernos, cujos respectivos sequenciamentos, inclusive, mostraram um fluxo gênico entre eles por hibridização. Embora muitos autores afirmem que os neandertais tinham linguagem,[207] Chomsky mostra-se cético quanto a essa hipótese, acompanhando autores, como Ian Tattersall e Svante Pääbo, que notam a fraca evidência para o comportamento simbólico dos neandertais, como a falta de arte figurativa, dentre outras ausências, o que sugere que a faculdade de linguagem seria um traço autapomórfico* dos seres humanos anatomicamente modernos do Sul da África, antes do seu êxodo para a Eurásia, traço que até o presente momento permanece inalterado e uniforme na população humana.

Segundo Chomsky, portanto, este curioso objeto biológico, a linguagem, apareceu na Terra muito recentemente e, da perspectiva biolinguística, deve ser pensado como um "órgão do corpo", no mesmo nível de complexidade do sistema visual ou imunológico, ou "órgão mental" (se por *mental* entendermos certos aspectos do mundo), comum a todos os indivíduos da espécie humana.

Mas, se é assim, como explicar a enorme diversidade e a variedade de línguas? À primeira vista, de fato, o observador parece estar diante de uma miríade de línguas que se diferenciaram imprevisível e ilimitadamente. A percepção é fortalecida pelo florescimento da linguística antropológica, cuja proposta é a de que cada língua deveria ser estudada sem nenhum esquema prévio de como uma língua deve ser, concepção que, como vimos, só com alguma reserva pode ser atribuída a Franz Boas.

Diante disso, tanto o estruturalismo americano de um Zellig Harris quanto o estruturalismo europeu de um Nikolai Trubetzkoy procuram, respectivamente, "métodos" ou "padrões fonológicos" a fim de reduzir os dados de variação ilimitada das línguas para uma forma relativamente organizada. Era o que parecia estar à mão, diante das abordagens de Saussure, que via a linguagem "como um armazém de imagens de palavras nos cérebros de uma coletividade de indivíduos fundada em uma espécie de 'contrato social'", ou de Bloomfield, "para quem a linguagem era um conjunto de hábitos para responder a situações com sons de fala convencionais e para responder a esses sons com ações".[208]

O quadro, portanto, se assemelhava ao que acontecia com a própria biologia desde 1830, quando Cuvier levou a melhor sobre Geoffroy ao dar ênfase não ao que era comum à vida, mas à quase infinitude da variedade de formas que evoluíram e continuam a evoluir, perspectiva que viria a ser reforçada pouco depois pela autoridade do próprio Darwin.

Como se sabe, Chomsky toma outro caminho:

> A reconciliação da aparente diversidade de formas orgânicas com sua evidente uniformidade subjacente — por que vemos *este* conjunto de seres vivos no mundo e não outros; da mesma forma, por que vemos *este* conjunto de línguas/gramáticas no mundo e não outros — vem através da interação de três fatores, articulada pelo biólogo [Jacques] Monod: 1) o fato de sermos todos descendentes

> comuns pertencentes à mesma árvore da vida; 2) a existência de restrições físico-químicas que delimitam as possibilidades de novidades biológicas; e 3) a atuação da seleção natural sobre um menu de possibilidades biológicas preexistentes.[209]

Nessa mesma linha, Chomsky observa que os proponentes da "nova ciência evo-devo" (evolução e desenvolvimento), Sean Carroll e Gerd Müller, dentre outros, afinados com as proposições da Síntese Evolucionária Estendida,* procuram mostrar, a partir da descoberta de circuitos complexos para a regulação genética e para o desenvolvimento, que, sob a aparente infinidade de formas que evoluíram, encontram-se estruturas químicas notavelmente uniformes. Desse ponto de vista, se cientistas alienígenas por acaso viessem à Terra, eles muito provavelmente veriam o mundo orgânico como um único organismo, com pequenas variações superficiais aparentes.

Chomsky reconhece em François Jacob o precursor do entendimento de que

> não foram as inovações bioquímicas que provocaram a diversificação dos organismos. O mais provável é que tenha sido justo o contrário. Com efeito, a pressão seletiva exercida pelas mudanças de comportamento ou de nicho ecológico provocaram uma série de ajustes bioquímicos e modificadores moleculares. O que distingue uma mariposa de um leão, ou uma galinha de uma mosca, ou uma minhoca de uma baleia, não são tanto as diferenças dos constitutivos químicos quanto sua organização e distribuição.[210]

Foi exatamente esse modelo que inspirou Chomsky a elaborar a abordagem de "princípios e parâmetros" da linguagem, que se baseia justamente no pressuposto de que "as línguas são constituídas por princípios fixos e invariantes, ligados a uma espécie de caixa com interruptores, os parâmetros".[211] Assim, ele pretende tornar mais fácil separar aquilo que é universal na linguagem daquilo que é contingente: o universal é o que emergiu de repente em termos evolucionários, provavelmente como resultado de uma mutação, quer dizer, emergiu o procedimento gerativo que fornece os princípios; já a diversidade das línguas advém do fato de que "os princípios não determinam todas as respostas para todas as perguntas sobre a linguagem, mas deixam algumas perguntas como parâmetros".[212]

Dessa nova perspectiva, os já citados cientistas alienígenas, que provavelmente veriam nosso mundo orgânico como um único organismo com variações superficiais aparentes, poderiam agora concluir que há apenas uma língua, com pequenas variações dialetais.

A gramática universal, para Chomsky, é justamente a teoria do componente genético da faculdade de linguagem. Foi a capacidade de linguagem que evoluiu e que permanece a mesma desde que nossos antepassados deixaram a África. As línguas, por sua vez, mudam, mas não evoluem. "A evolução não biológica simplesmente *não* é evolução."[213] E o que evoluiu deve ser bastante simples, consistindo de princípios computacionais básicos que operam com condições de eficiência computacional que produzem um conjunto infinito de expressões estruturadas de modo hierárquico.

De modo geral, todo sistema computacional incorpora uma operação mediante a qual, a partir de dois objetos já formados, constrói-se um terceiro. A fusão (*Merge*) de objetos é basicamente uma operação para formar conjuntos. A linguagem se baseia nesse procedimento recursivo gerativo que toma elementos básicos e aplica esse procedimento repetidas vezes para produzir expressões estruturadas sem limite. Note-se que, nesse quadro, não há espaço para protolínguas, uma vez que a infinitude discreta da linguagem humana requer o mesmo procedimento recursivo, seja para uma frase de uma ou de infinitas palavras.

O notável do sistema computacional humano, dentre outras, que inclusive o diferencia de qualquer outra linguagem de computador, é o fato de que a linguagem humana tem propriedades paradoxais de grande eficiência computacional com a qual as crianças lidam tranquilamente sem auxílio, o que seria uma das evidências do inatismo desse sistema.

A teoria chomskiana, como se vê, põe em questão, de forma decisiva, a hipótese de Whorf e, por decorrência, a abordagem de Bertalanffy e, de certa maneira, na direção contrária, recupera, pela mão de Uexküll, o universalismo de Kant, com o reforço dos conceitos (acerca dos quais Chomsky mantém alguma reserva) de "a priori biológico" de Konrad Lorenz (para quem é possível uma ciência pura das formas do pensamento humano, independente da experiência) e de "abdução" de Ch. S. Peirce (que se interessou pelo estudo das regras que limitam a classe de teorias possíveis).

Enquanto "dialetos" da linguagem humana, as línguas faladas não alteram o mundo circundante (*Umwelt*) que corresponde à natureza desse ente biológico que é o ser humano. Numa passagem pouco notada de *Linguagem e mente*, Chomsky observa que:

> Atualmente, parece que os organismos mais complexos têm formas muito específicas de organização sensorial e perceptiva, que estão associadas com a *Umwelt* e o modo de vida do organismo. Poucas razões há para duvidar de que o que é verdade nos organismos inferiores seja também verdade nos seres humanos. Em especial no caso da linguagem, é natural esperar uma relação íntima entre as propriedades inatas da mente e as características da estrutura linguística; pois a linguagem, afinal, não tem existência fora de sua representação mental. Sejam quais forem as propriedades que tiver, devem ser aquelas que lhe são dadas pelos processos mentais inatos do organismo que a inventou e a inventa de novo [...] que estão associadas às condições de seu uso.[214]

Há, é claro, a possibilidade de aproximar, também pela mão de Uexküll, a teoria de Chomsky da filosofia de Cassirer, desde que se tome o cuidado de não confundir a gramática universal do primeiro com o sistema simbólico do último, que permitiu a Cassirer expandir as categorias pelas quais Kant pensava a ciência para todas as formas de atividade humana como o mítico, o estético e o social. Essa controvérsia, sobre a precedência do gramatical ou do simbólico, permanece insuperada até hoje.

Em que pese a importância do debate sobre as fundações biológicas da linguagem, penso que a relevância do trabalho de François Jacob, que, manifestamente, inspirou Chomsky na abordagem de "princípios e parâmetros" dos anos 1980, reside em um desenvolvimento do pensamento de Jacob pouco explorado por Chomsky, cujas consequências não foram devidamente observadas. Lembremo-nos de que Chomsky sempre enfatizou o aspecto criativo do uso da linguagem.

Ele abre o seu *Cartesian Linguistics* justamente com a observação de que Descartes estava convencido de que os animais não humanos se comportam como autômatos, enquanto o homem, por suas habilidades únicas, notadamente a linguagem, não pode ter seu comportamento explicado em bases mecânicas.

De acordo com Chomsky, a visão cartesiana é aquela que entende que "em seu uso comum, a linguagem humana opera livre do controle de estímulos e não serve meramente à função comunicativa, sendo antes um instrumento para a livre expressão do pensamento e para a resposta adequada a novas situações".[215]

De modo geral, os linguistas cartesianos não viam a linguagem humana como um instinto, e, no caso já citado de Herder, ela era tida mesmo como uma consequência da fraqueza dos instintos humanos. Schlegel, por sua vez, nota a independência da linguagem ordinária da estimulação imediata e sua liberdade eventual de finalidades práticas, e sublinha a sua qualidade poética ao, por exemplo, afirmar: "O maior como o menor, o mais maravilhoso, do qual nunca se ouviu falar, até mesmo o impossível e impensável desliza sobre nossa língua com igual facilidade".[216]

Ninguém mais do que Humboldt, no entanto, enfatizou com tal força o aspecto criativo do uso da linguagem ao caracterizá-la como *energeia* (atividade), preferivelmente a *ergon* (produto, artefato), tendo como propriedade fundamental "sua capacidade de usar mecanismos finitamente especificáveis para um conjunto de contingências imprevisíveis e ilimitadas".[217]

Subjacente a essa atividade, apenas as leis de geração são fixas e imutáveis, sua forma enquanto estrutura sistemática e princípio gerativo que provê os meios e determina o escopo do processo criativo.

Segundo a leitura de Chomsky, Humboldt, por um lado, mantém-se dentro do universo linguístico cartesiano ao considerar a linguagem primordialmente um meio de pensamento e autoexpressão, mas, por outro lado, afasta-se dele ao sugerir que, apesar das propriedades universais da linguagem, próprias do intelecto humano, cada língua, individualmente considerada, joga um papel na determinação do processo mental, provendo, ela mesma, um mundo pensado e um ponto de vista de tipo único. Há, portanto, uma distinção entre a forma da linguagem, fixa e invariável, e o caráter da língua, que pode ser modificado e enriquecido pelos indivíduos como meio de expressão de sua cultura específica, sem afetar a estrutura gramatical. Neste ponto encontra-se a principal objeção de Chomsky à linguística de Humboldt:

> Apesar de toda a sua preocupação com o aspecto criativo do uso da linguagem e com a forma enquanto processo gerativo, Humboldt não se arrisca a enfrentar a questão substancial: qual é exatamente o caráter da "forma orgânica" na linguagem. Até onde percebo, ele não procura construir gramáticas gerativas particulares ou determinar o caráter geral de qualquer sistema dessa ordem, o esquema universal ao qual qualquer gramática particular se conforma.[218]

Sabe-se que o caminho tomado por Chomsky é outro. Ele enaltece uma tradição cartesiana pouco valorizada, conhecida como gramática filosófica ou universal, que tinha como objeto de estudo não a gramática como "história" natural, mas a gramática como filosofia, ou mesmo como "ciência" natural. Em linha com a moderna gramática gerativa, a *Gramática* e a *Lógica* de Port-Royal interessam-se pelos princípios organizacionais ocultos da linguagem que não podem ser detectados nos "fenômenos", superficiais ou profundos, nem ser deles derivados, mesmo que por meio do método do estruturalismo europeu ou norte-americano. Daí, como vimos, o recurso à abordagem de "princípios e parâmetros" para fundamentar a gramática universal.

Para os propósitos deste nosso estudo, contudo, tomando um aspecto negligenciado da obra do mesmo François Jacob que inspirou a abordagem de "princípios e parâmetros", podemos esboçar uma crítica que, em minha avaliação, trará maior clareza acerca do ponto de vista aqui defendido. Refiro-me à questão da temporalidade.

As várias abordagens antes analisadas ainda são prisioneiras de apenas duas noções diferentes de temporalidade: a newtoniana, física, mecânica e eterna; e a bergsoniana, vital, criativa e cumulativa. As escolas de pensamento biológico, antropológico e linguístico, regra geral, filiam-se a uma dessas concepções. O esforço monumental de Ingold (que me chamou a atenção para o problema), no seu *Evolução e vida social*, foi, em grande parte, frustrado por essa amarra. O pensamento biologizante, que analisamos no início da nossa jornada, é vítima desse mesmo vício. Abordagens interdisciplinares não fogem à regra: vitalismo, biocibernética, biossemiótica, teoria de sistemas, biolinguística etc.

Pois bem, François Jacob nos oferece uma reflexão que acrescenta uma terceira noção de temporalidade. Repassemos, uma a uma, as três noções de temporalidade da perspectiva de Jacob. Comecemos pela temporalidade da física. Para Jacob,

> é curioso, mas não há um vetor tempo nas teorias que fundamentam a física. No mundo físico encontramos algumas assimetrias temporais, como a expansão do universo ou a propagação das ondas eletromagnéticas a partir das suas fontes. Contudo, até há pouco, as leis fundamentais da física, a mecânica quântica ou o eletromagnetismo se consideram simétricas no tempo; na atualidade se pensa em termos muito parecidos.[219]

À diferença da física, a biologia incorpora o tempo como um dos seus parâmetros mais importantes, segundo Jacob:

> [...] o vetor tempo aparece por todos os lugares no conjunto do mundo dos seres vivos, que é o resultado de uma evolução temporal. Aparece também em cada organismo que se modifica continuamente no transcurso de sua vida. O passado e o porvir representam direções totalmente distintas. Todo ser vivo avança, do nascimento até a morte. A vida de cada indivíduo está submetida a um desenvolvimento segundo um plano.[220]

Os organismos, além disso, dispõem de relógios biológicos que regulam seus ciclos fisiológicos; dispõem de memória, em que se baseia seu comportamento; dispõem de um sistema imunológico, que funciona como memória do que se passou com o indivíduo; e de um sistema genético, que funciona como a memória da vida em geral e da espécie em particular.

Jacob assinala, entretanto, uma nova temporalidade, a da cultura, que, dentro desse esquema, poderia ser designada por *terceira natureza*. Trata-se da *capacidade de inventar um porvir*, expresso na criação mental de mundos possíveis, para além, inclusive, da própria morte do organismo. O cérebro humano, para Jacob, adquiriu a capacidade de fragmentar as imagens memorizadas de acontecimentos passados e recombiná-las, a partir de fragmentos, para produzir representações até então desconhecidas, com vistas a possíveis acontecimentos *futuros*.

A linguagem, nesse contexto, não seria nem um instinto, nem um artefato. A linguagem, na verdade, é o resultado de uma mudança biológica que conferiu a um determinado ser vivo a capacidade de se *projetar no tempo*. Assim, se um organismo não humano se *comporta* e se desdobra segundo um *plano* predefinido, um ser humano, uma pessoa, *age* e se desenvolve segundo um *projeto*.

Dessa perspectiva, seria pertinente dizer, em minha avaliação, que o aparecimento da linguagem simbólica é mais do que uma mera transição "por dentro" da dimensão biológica, nos termos propostos por Maynard Smith e Szathmáry. Seu advento lançou o ser humano para uma terceira dimensão da temporalidade, análoga em importância àquela que se deu na passagem da dimensão inorgânica para a dimensão orgânica, ou, dito de outra maneira, da temporalidade física para a temporalidade biológica. A ciência que estuda o ser humano, portanto, por tudo o que foi dito, não pode ser reduzida à biologia, ainda que não possa prescindir dela, assim como o estudo da biologia não pode prescindir da física, ainda que a transcenda, na acepção de Monod.

Do ponto de vista deste estudo, as considerações de François Jacob são extremamente importantes. Elas permitem uma reconexão profícua com a linguística humboldtiana que nos parece essencial sublinhar. Permitem também traçar um caminho que vai de Humboldt a Tomasello e Pääbo, passando por Boas e Sapir, que situam, de uma nova perspectiva, as controvérsias contemporâneas entre Chomsky e seus atuais críticos.

Em primeiro lugar, a biolinguística acaba por se limitar ao aspecto da ação humana relativo à cognição. A esfera da ética e a esfera da estética, só compreensíveis à luz dos precedentes apontamentos sobre temporalidade, não encontram um lugar adequado na teoria. Sabe-se, por um lado, quanto o próprio Humboldt chama a atenção para os fatores estéticos na construção de uma linguagem. Por outro lado, o notável aspecto deontológico* da linguagem humana sempre foi assinalado pela melhor tradição filosófica e sociológica.

Num livro recente, por exemplo, John Searle reconhece o traço distintivo da linguagem humana: "Pelas linguagens humanas temos a capacidade não apenas de representar a realidade, tanto como ela é quanto como queremos fazê-la, mas também temos a capacidade de criar uma nova realidade, representando-a como se existente".[221] Na temporalidade biológica, essas ações são impossíveis. Cabe observar, ainda, que nós inventamos mundos, mas o fazemos coletivamente. E não apenas constrangidos pelas leis da física e da biologia, mas também pelos mundos coletivamente inventados por outros de nós. Seria errôneo, contudo, imaginar que essa abordagem pode ser assimilada à perspectiva da seleção de grupo: não há nada estrutural, nem biológica nem culturalmente, que impeça a espécie humana de projetar-se, ela toda, como um único "grupo".

Humboldt é crítico das tentativas de construir um sistema de gramática filosófica subjacente a todas as línguas naturais. Considera o procedimento eivado de preconceito ocidental, já que viola a natureza das línguas não europeias, forçando-as a assumir categorias alheias às suas estruturas internas. Mas, ao mesmo tempo que Humboldt reconhece que cada língua, por sua estrutura e por seu caráter, representa uma visão específica do mundo, ele não rejeita a ideia de universais linguísticos.

Com Kant, ele acredita na universalidade das estruturas mentais e acredita que as categorias que representam as leis do pensamento são as mesmas que governam nossos enunciados linguísticos. Entretanto, rejeita a ideia de deduzir desse fato que essas estruturas são um tipo de gramática lógica, filosófica ou mesmo natural.

Para Humboldt, a comparação entre línguas exige um outro procedimento, semelhante ao que Goethe adota para a comparação entre plantas, que se vale da noção de protótipo. Goethe concebe para esse fim a ideia de uma protoplanta, que não é uma planta real, mas que incorpora os recursos essenciais encontrados em todas as plantas existentes. Humboldt vai utilizar o conceito análogo de protótipo linguístico com a mesma finalidade comparativa.

À diferença da protoplanta de Goethe, entretanto, que tem alguma materialidade, pois suas características básicas podem ser percebidas pelos sentidos, o protótipo linguístico de Humboldt não é substantivo; antes, trata-se de algo performativo, que incorpora o conjunto de regras que devem ser consideradas comuns e essenciais para a produção da fala em todas as línguas.

Humboldt dá atenção especial ao sistema de pronomes pessoais, porque é a partir deles que se pode reconstruir a manifestação da situação de fala prototípica. Este "protótipo de toda a linguagem" encontra expressão, segundo Humboldt, na diferenciação entre a segunda e a terceira pessoa, entre tu e ele. De um ponto de vista exclusivamente gramatical, não faz diferença se uso o primeiro, o segundo ou o terceiro pronome pessoal, pois em cada caso esses pronomes (eu, tu e ele) funcionam como o sujeito de uma frase.

Mas, para Humboldt, há uma diferença entre "tu" e "ele". Quando alguém pensa, não está só. Para o pensamento, "tu" é uma necessidade que, em todo caso, é um pensante igual a "eu". "Tu" é um "não eu", mas apenas na esfera da ação e da interação comum, ou seja, um "não eu" diretamente oposto ao "eu", que se refere a tudo que compõe o universo subjetivo. Já "eu" e "ele" são realmente entidades diferentes. "Ele" se refere a tudo o que é externo ao indivíduo e corresponde à designação universal de todos os seres. Só com "eu" e "ele" todas as possibilidades de fala se esgotam.

A partir dessa análise dos pronomes, Humboldt se diferencia da gramática geral de seu tempo, pois, em vez de tomá-los de uma perspectiva lógica e puramente representacional, na tradição de Port-Royal, a concepção de pronome que ele adota é fundada na ideia de que a linguagem e o pensamento, a linguagem e o mundo estão enraizados no *ato* de fala. Os pronomes pessoais são universais da comunicação humana.

Nos termos do próprio autor:

> Os *pronomes pessoais* devem ter estado na base de todas as línguas, e é uma noção completamente equivocada considerar o pronome como o mais tardio componente linguístico da fala. Um modo estritamente gramatical de conceber a substituição do nome pelo pronome suplantou aqui o insight mais profundo extraído da linguagem. O primeiro dado é, naturalmente, a personalidade

do próprio falante, que se põe em contato contíguo e direto com a natureza e que contra ela não pode de modo algum evitar impor, mesmo na linguagem, a expressão do seu ser. Mas, no Eu, o Tu também está automaticamente dado, e por uma nova oposição emerge a terceira pessoa, embora, uma vez que o campo do senciente e falante foi agora deixado para trás, isso também se estenda ao inanimado.[222]

Sendo assim, se as leis que governam o poder de produzir uma língua são as mesmas em todo lugar, o que explica a sua diversidade? Para Humboldt, o aparecimento de uma língua se deve ao avanço imprevisível e imediatamente criativo do poder mental humano. A dotação mental de indivíduos, no entanto, pode diferir com respeito ao grau de clareza e compromisso mental, e o poder gerativo pode variar quanto a veracidade, intensidade e regularidade. A imaginação e a emoção também são fatores que contribuem com a diversidade. Numa outra passagem de *On Language*, Humboldt expõe seu ponto de vista sobre o aparecimento das línguas em termos extremamente originais:

> A linguagem emerge, se tal comparação é permitida, do mesmo modo que, na natureza física, um cristal se forma a partir de outro. A formação ocorre gradualmente, mas de acordo com uma lei. Essa tendência inicialmente mais predominante da linguagem, como criação viva da mente, reside na natureza da questão; mas também é aparente nas próprias línguas, que, quanto mais primitivas, mais abundantes na riqueza de suas formas. [...] Uma vez que essa cristalização chega a um extremo, a linguagem é, enfim, um produto acabado. O instrumento está à mão, e agora

> cabe à mente exercitá-lo e estabelecê-lo. Isso, de fato, acontece; e a linguagem adquire cor e caráter por uma variedade de maneiras pelas quais a mente a emprega para se expressar. Seria um grande equívoco, contudo, supor que o que separei aqui de modo muito incisivo por uma questão de estabelecer uma distinção clara esteja igualmente isolado na natureza. O persistente *trabalho da mente* no uso da linguagem tem uma influência definida e contínua mesmo na verdadeira estrutura da linguagem e nos próprios padrões de suas formas; mas é uma influência sutil, e por vezes passa despercebida em um primeiro momento.[223]

Ainda com referência à diversidade, Humboldt enfatiza o que chama caráter nacional da linguagem, uma vez que a diversidade está conectada às aptidões mentais das nações. Ele entende a linguagem, como já vimos, como a exalação mental da vida nacional que emerge da autoatividade simultânea de todos os seus membros; ou, de outra maneira, como uma autocriação de indivíduos dependente da nação a que pertencem, e que perseguem, por sua vez, um caminho espiritual interior próprio, como se a nação fosse uma individualidade. As cores e o caráter da linguagem estão, no universo humboldtiano, claramente associados a esse caráter nacional, criado e modificado pela atividade mental criativa de seus membros. Assim, embora Humboldt acredite que a linguagem seja um produto da natureza humana, comum a toda espécie, e, como tal, não possa ser considerada um artefato produzido como mero meio para a obtenção de um determinado fim, ele igualmente acredita que a diversidade das línguas repousa sobre a diversidade das formas de linguagem, e que a diversidade das formas determina como os seres humanos pensam.

Desnecessário dizer quanto essas reflexões de Humboldt ressoam em trabalhos muito posteriores. Encontramos desenvolvimentos semelhantes em Sapir, fortemente influenciado pela linguística de Boas, e, mais recentemente, no trabalho de Tomasello e Pääbo. Tomasello parece respaldar, com base em pesquisas recentes, a hipótese de que a aquisição de determinada língua natural afeta a maneira como os seres humanos conceituam o mundo. Mais importante do que isso, porém, é sua "tentativa de encontrar uma única adaptação biológica com força suficiente, e por isso levantei a hipótese de que os seres humanos desenvolveram uma nova maneira de se identificar com seus coespecíficos e compreendê-los como seres intencionais".[224]

Na mesma linha, seu colega Pääbo afirma: "há fundamentos genéticos em nossa propensão à atenção compartilhada e na habilidade de aprender coisas complexas com os outros".[225] A ideia de Tomasello e Pääbo é de que nós desenvolvemos e herdamos uma capacidade *biológica* de viver culturalmente. Isso teria ocorrido em algum lugar da África há cerca de 200 mil anos e teria permitido ao homem moderno, nos primórdios da sua evolução, sobrepujar outros hominídeos ao se dispersar para o resto do planeta.

A partir da compreensão mútua de que nós mantemos relações intencionais com o mundo, adquirimos a faculdade de imaginar, com outros indivíduos, objetivos e perspectivas comuns. Somos os únicos organismos capazes de realizar comportamentos de atenção conjunta (*joint attention*), o que pressupõe a capacidade de compreender outras pessoas como agentes intencionais iguais a nós. Pressupõe também a capacidade de promover interações sociais em que duas pessoas prestam atenção a uma terceira coisa e à atenção um do outro à mesma terceira coisa, situação em que as duas pessoas envolvidas e a entidade da atenção conjunta encontram-se no mesmo plano conceitual.

Note-se que esses comportamentos não são diádicos — que ocorrem quando, por exemplo, uma criança manipula objetos, ignorando quem está a sua volta —, mas triádicos, uma vez que envolvem uma coordenação de interações, resultando num triângulo referencial em que os papéis dos participantes são intercambiáveis. Tomasello, adicionalmente, levanta a interessante hipótese de que "a capacidade exclusivamente humana de compreender eventos externos com relação às forças mediadoras intencionais/causais emergiu inicialmente na evolução humana para possibilitar que os indivíduos previssem e explicassem o comportamento de coespecíficos e depois foi transposta para lidar com o comportamento de objetos inertes".[226] É como se, na visão dele, a intersubjetividade precedesse a objetividade.

É evidente que as vantagens competitivas do pensamento intencional/causal são notáveis: ele possibilita resolver problemas de maneira criativa e presciente, além de tornar possível processos de aprendizagem cultural e de sociogênese muito poderosos, mediante os quais os seres humanos produzem um novo tipo de nicho ontogenético, a cultura, exclusivo da espécie para seu próprio desenvolvimento. Mais do que isso, cabe notar ainda a relação que Tomasello estabelece entre intersubjetividade e temporalidade, muito importante para os propósitos deste estudo.

> Assim, de uma perspectiva metateórica, afirmo que não se pode compreender plenamente a cognição humana — ao menos não

> seus aspectos exclusivamente humanos — sem considerar em detalhes seu desdobramento em três estruturas temporais distintas: — no tempo filogenético, quando o primata humano desenvolveu sua maneira única de compreender os coespecíficos; — no tempo histórico, quando essa forma particular de compreensão social conduziu a formas particulares de herança cultural com artefatos materiais e simbólicos que acumulam modificações no transcurso do tempo; e — no tempo ontogenético, quando as crianças humanas absorvem tudo o que suas culturas têm para oferecer, desenvolvendo, nesse processo, modos únicos de representação cognitiva baseados na diversidade de perspectivas.[227]

As contribuições de Tomasello e Pääbo para o debate contemporâneo nos parecem muito relevantes. O comportamento triádico especificamente humano e a relação da linguagem simbólica com a temporalidade "histórica" são elementos importantes de uma teoria linguística moderna, independentemente de uma tomada de posição acerca da modularidade ou plasticidade do cérebro humano, da precedência do pensamento sobre a comunicação ou da gramática sobre a produção do símbolo, questões sobre as quais as controvérsias parecem ainda acesas e longe de uma superação, embora eu mesmo não consiga vislumbrar o processo de produção de símbolos completamente dissociado de algo que possa receber o nome de gramática.

Esses autores, entretanto, parecem agarrados a uma concepção de *evolução* cultural ainda biologizante, nos marcos da teoria coevolutiva e da teoria de construção de nicho. É verdade que Tomasello recorre a Wittgenstein e Quine para invocar a natureza perspectiva dos símbolos linguísticos. Em função desta natureza perspectiva, não existe algoritmo para determinar a intenção comunicativa de uma pessoa numa determinada situação, a não ser quanto a nomes próprios e substantivos básicos.

As intenções comunicativas, portanto, estão baseadas na compreensão sociopragmática que faz das referências linguísticas um ato social por excelência. Não é por outra razão que Tomasello faz referência ao conceito wittgensteiniano de "forma de vida". Mas, aqui também, mais uma vez, não tem lugar a ideia de que a construção de mundos possíveis, nos termos de François Jacob, pode dar lugar a perspectivas contraditórias.

A ideia de que o terceiro elemento da relação triádica pode estar numa relação de antagonismo com os outros dois; a ideia de que relações triádicas produzem êxtase mais do que estase; a ideia de que não se aplicam as leis da evolução biológica (variação/seleção) às sociedades humanas, que não evoluem, antes revoluem; essas ideias poderiam resgatar o lugar próprio das humanidades e o olhar crítico sobre os problemas que a espécie humana enfrenta.

Ao expulsar a contradição do seu repertório, as humanidades deixam-se biologizar, e a dimensão específica do humano perde-se num pseudocientificismo que, da ciência, só guarda a aparência. Hegel, ao seu tempo, teve que entronizar a contradição no reino da lógica para encontrar Deus. Devemos reentronizar a contradição no reino das ciências humanas (agora, no lugar certo), se quisermos abrir caminho para encontrar a humanidade.

Notas

1. Weber, 2001.
2. Mayr, 1963.
3. Dawkins, 2007.
4. Há, ainda, outras perspectivas, menos ambiciosas, de aplicar a teoria da evolução (variação/seleção) parcialmente: teoria evolutiva do conhecimento, teoria evolucionária da mudança econômica etc.
5. Ver Smith, 2012.
6. Smith, 2012.
7. Smith e Szathmáry, 1999.
8. Wilson e Wilson, 2007.
9. Darwin, 2017.
10. Ibid.
11. Dawkins, 2007.
12. Smith e Szathmáry, 1999.
13. Haldane, 1937.
14. Lerner, 1938.
15. Dawkins, 2007, cap. II.
16. Wilson, 1978.
17. Wiener, 2017, cap. IV.
18. Monod, 1971.
19. Ibid.
20. Elsasser, 1969.
21. Eccles, 1986.
22. Margenau, 1987.
23. Margenau, 1987.
24. Richerson e Boyd, 2008.
25. Kroeber, 1993.
26. Gil-White, 2001.
27. Dobzhansky, 1973.
28. Laland, Odling-Smee e Feldman, 2001.
29. Jablonka e Lamb, 2014.

30. O trabalho do antropólogo William Durham (1991) segue sendo o mais citado.
31. Jablonka e Lamb, 2014.
32. Pinker, 1998.
33. Tooby e Cosmides, 1989.
34. Wilson, 1975.
35. Laland et al., 2015.
36. Cassirer, 2005.
37. Ibid.
38. Dobzhansky (1968) fez uma leitura mais aceitável do autor.
39. Cassirer, 2005.
40. Ibid.
41. Spencer, 1867, parte II, cap. XXVII.
42. Bagehot, 2010.
43. Spencer, 1898.
44. Nowak, Tarnita e Wilson, 2010.
45. Dawkins, 2012.
46. Abbott et al., 2011.
47. Ibid.
48. Em biologia, a colônia eussocial foi tratada como superorganismo por Wheeler, 1911.
49. Kroeber, 1993.
50. Ibid.
51. Tooby e Cosmides, 1992.
52. Kroeber, 1993.
53. Ibid.
54. Ibid.
55. Ibid.
56. Buss et al., 1992.
57. Wilson e Daly, 1992.
58. Miller, 2001.
59. Fernald, 1992.
60. Cosmides e Tooby, 1997.
61. Pinker, 2008.
62. Richerson e Boyd, 2005.
63. Boyer, 2001.
64. Sartre, 2019.
65. Levinas, 1988.

66. Harris, 1968.
67. Ingold, 2019a.
68. Boas, 2010.
69. Boas, 2018.
70. Ibid.
71. Dobzhansky, 1968.
72. Boas, 2018.
73. Mayr, 1963.
74. O tradutor Paulo César de Souza destaca a insuficiência da tradução do termo e indica as soluções adotadas em algumas edições estrangeiras: *lo siniestro, lo ominoso, il perturbante, l'inquiétante étrangeté, the uncanny* (Freud, 2010). Já Paulo Sergio de Souza Jr., autor de recente tradução do mesmo texto, opta por "o incômodo", que tem a vantagem de ressaltar a dimensão espacial (*Heim* — casa; *oykos*, lar) (Freud, 2021).
75. Freud, 2010, em tradução de Paulo César de Souza.
76. Freud, 2019, em tradução de Romero Freitas, Ernani Chaves e Pedro Heliodoro Tavares.
77. Lévi-Strauss, 2017b.
78. Durkheim, 2019.
79. Ibid.
80. Ibid.
81. Ibid.
82. Benveniste, 2016.
83. Kroeber, 1993.
84. Lowie, 1919.
85. Benedict, 1923.
86. Radcliffe-Brown, 1935.
87. Radcliffe-Brown, 1940.
88. Lévi-Strauss, 2017a.
89. Barth, 1956.
90. Chomsky, 2009a.
91. Bateson, 2008.
92. Ibid.
93. Notam, entretanto, que os teóricos das duas disciplinas percorreram caminhos distintos, os biólogos adotando uma posição inicial relativista, em linha com a evolução específica, os sociólogos e antropólogos adotando uma posição inicial progressiva, em linha com

a evolução geral. No século XX, o relativismo ganhou corpo nas humanidades, enquanto a ideia de progresso em biologia, exceção feita a Julian Huxley, tem, até hoje, poucos adeptos.

94. Sahlins, Service e Harding, 1960.
95. Ibid.
96. Romer, 1986.
97. Lucas Jr., 1988.
98. North, 2018.
99. Childe, 1978.
100. North, 2018.
101. Não entro aqui no debate em torno da crítica à abordagem substantiva da antropologia econômica que, mal ou bem, está na raiz da controvérsia metodológica entre Carl Menger e Gustav von Schmoller e que, talvez, tenha obrigado o primeiro, depois do acalorado debate, a escrever quatro capítulos adicionais ao seu livro *Princípios de economia política*, publicados postumamente cinquenta anos depois da primeira edição.
102. Polanyi, 2012.
103. Ibid.
104. Ibid.
105. Graeber, 2017.
106. Viveiros de Castro, 2002.
107. Sahlins, 2017.
108. Mauss, 2017.
109. Feuerbach, 2019.
110. Ibid.
111. Marx e Engels, 2015b.
112. Ibid.
113. Marx, 2010.
114. North, 2018.
115. Sahlins, 2003.
116. Ibid.
117. Marx, 1985.
118. Marx citado por Schmidt, 2014.
119. Sahlins, 2003.
120. Marx, 2010.
121. Hicks, 1972.
122. Marx, 2015a.

123. Ibid.
124. Ibid.
125. Weber, 2012.
126. P. Anderson, 2013.
127. Ibid.
128. Ibid.
129. Said, 2007.
130. B. Anderson, 2020.
131. Ibid.
132. Ibid.
133. Fanon, 2007.
134. Heidegger, 2015.
135. Sapir, 1971.
136. Sapir, 1963.
137. Herder, 1987.
138. Kant, 1970.
139. Herder, 1987.
140. Ibid.
141. Ibid.
142. Ibid.
143. Ibid.
144. Gehlen, 1987.
145. Ibid.
146. Ibid.
147. Uexküll, 2016.
148. Correspondência de Sidarta Ribeiro com o autor, 24 de janeiro de 2022.
149. Bertalanffy, 1989.
150. Whorf, 2011.
151. Whorf, 2011.
152. Sapir, 1963.
153. Ibid.
154. Boas, 2010.
155. Cf. referências em Lenneberg, 1967, e Tomasello, 2019.
156. Quine, 2010
157. Raatikainen, 2005.
158. Quine, 1968.
159. Quine, 1987a.

160. Quine, 1987b.
161. Quine, 2010.
162. Wittgenstein, 1989b, §199.
163. Ibid., §202.
164. Ibid.
165. Ibid., §7.
166. Ibid., §23.
167. Ibid., §19.
168. Wittgenstein, 1958.
169. Wittgenstein, 1967.
170. Wittgenstein, 2020.
171. Chatterjee, 1985; Kienpointner, 1996.
172. Wittgenstein, 1989a, §55.
173. Wittgenstein, 1989b, §664.
174. Winch, 1964.
175. Ibid.
176. Ibid.
177. Wittgenstein, 2020, §609.
178. Winch, 1964.
179. Ibid.
180. Mauss, 2017.
181. Ibid.
182. Mauss, 2017.
183. Geertz, 1978.
184. Ibid.
185. Ibid. O desenvolvimento do polegar opositor nos antigos hominídeos, associado à manipulação de objetos complexos como ferramentas, conduziu a uma expansão da área do córtex cerebral (região externa do cérebro) responsável pelo controle desse dedo.
186. Ibid.
187. Ibid.
188. Ibid.
189. Wittgenstein, 2020, §611.
190. Lévi-Strauss, 2017a.
191. Ibid.
192. Tremlett, 2011.
193. Cf. Lehrman, 1953, crítica a Lorenz recentemente recuperada pela teoria dos sistemas de desenvolvimento.

194. James, 1890.
195. Darwin, 2017.
196. Pinker, 2008.
197. Gould e Lewontin, 1979; Gould e Vrba, 1982.
198. Tooby e Cosmides, 1992.
199. Pinker, 2008.
200. Tomasello, 2019.
201. Ibid.
202. Ibid.
203. Ibid.
204. Lenneberg, 1967.
205. Bornkessel-Schlesewsky et al., 2015.
206. Berwick e Chomsky, 2017.
207. Ver Dediu e Levinson, 2018.
208. Ibid.
209. Ibid.
210. Jacob, 1981.
211. Berwick e Chomsky, 2017.
212. Ibid.
213. Ibid.
214. Chomsky, 2009a.
215. Chomsky, 1966.
216. Schlegel citado por Chomsky, 1966.
217. Humboldt citado por Chomsky, 1966.
218. Chomsky, 1966.
219. Jacob, 1981.
220. Ibid.
221. Searle, 2010.
222. Humboldt, 1836.
223. Ibid.
224. Tomasello, 2019.
225. Pääbo, 2014.
226. Tomasello, 2019.
227. Ibid.

Bibliografia

ABBOTT, Patrick et al., "Inclusive Fitness Theory and Eusociality". *Nature*, v. 471, n. 7339, E1-E4, 24 mar. 2011.

ABRANTES, Paulo C. et al. *Filosofia da biologia*. Porto Alegre: Artmed, 2011.

ADORNO, Theodor W.; HORKHEIMER, Max. *Dialética do esclarecimento* [1947]. 3. ed. Rio de Janeiro: Zahar, 1991.

ALTHUSSER, Louis. *Por Marx* [1965]. Campinas: Ed. da Unicamp, 2015.

ANDERSON, Benedict. *Comunidades imaginadas: Reflexões sobre a origem e a difusão do nacionalismo* [1983]. São Paulo: Companhia das Letras, 2020.

ANDERSON, Perry. *Linhagens do Estado absolutista* [1974]. São Paulo: Ed. Unesp, 2013.

AXELROD, Robert. *The Evolution of Cooperation: Revised Edition* [1984]. E-book. Nova York: Basic Books, 2009.

AYALA, Francisco Jose; DOBZHANSKY, Theodosius (Orgs.). *Studies in the Philosophy of Biology*. Londres: Macmillan, 1974.

BAGEHOT, Walter. *Physics and Politics: Or Thoughts on the Application of the Principles of "Natural Selection" and "Inheritance" to Political Society* [1873]. 2. ed. Cambridge: Cambridge University Press, 2010.

BARKOW, Jerome H.; COSMIDES, Leda; TOOBY, John. *The Adapted Mind: Evolutionary Psychology and the Generation of Culture*. E-book. Oxford: Oxford University Press, 1995.

BARTH, Fredrik. "Ecologic Relationships of Ethnic Groups in Swat, North Pakistan". *American Anthropologist*, Washington, v. 58, n. 6, 1956, pp. 1079-89.

BATESON, Gregory. *Naven: Um exame dos problemas sugeridos por um retrato compósito da cultura de uma tribo da Nova Guiné, desenhado a partir de três perspectivas* [1936]. São Paulo: Edusp, 2008.

BENEDICT, Ruth. "The Concept of the Guardian Spirit in North America". *Memoirs of the American Anthropological Association*, Washington, n. 29, p. 84, 1923, apud RADCLIFFE-BROWN, Alfred R., *Estrutura e função na sociedade primitiva* [1952]. Petrópolis: Vozes, 1971, p. 230n.

BENEDICT, Ruth. "On Social Structure". *The Journal of the Royal Anthropological Institute of Great Britain and Ireland*, Londres, v. 70, n. 1, 1940, pp. 1-12.

______. *Padrões de cultura* [1934]. Petrópolis: Vozes, 2013.

BENVENISTE, Emile. *Dictionary of Indo-European Concepts and Society* [1969]. Chicago: Hau Books, 2016.

BERGSON, Henri. *A evolução criadora* [1907]. São Paulo: Ed. Unesp, 2010.

BERLIN, Isaiah. *Vico e Herder* [1976]. Brasília: Universidade de Brasília, 1982.

BERNSTEIN, Richard J. *Beyond Objectivism and Relativism: Science, Hermeneutics, and Praxis*. Philadelphia: University of Pennsylvania Press, 1985.

BERTALANFFY, *Teoria general de los sistemas* [1968]. Cidade do México: Fondo de Cultura Económica, 1989.

BERWICK, Robert C.; CHOMSKY, Noam. *Por que apenas nós? Linguagem e evolução* [2016]. E-book. São Paulo: Ed. Unesp, 2017.

BOAS, Franz. *A mente do ser humano primitivo* [1938]. Petrópolis: Vozes, 2010.

______. *Race, Language and Culture* [1940]. E-book. [S. l.]: Reading Essentials, 2018.

BOHR, Niels. *Física atômica e conhecimento humano: Ensaios 1932-1957*. Rio de Janeiro: Contraponto, 1995.

BORNKESSEL-SCHLESEWSKY, I.; SCHLESEWSKY, M.; SMALL, S. L.; RAUSCHECKER, J. P. "Neurobiological Roots of Language in Primate Audition: Common Computational Properties", *Trends in Cognitive Sciences*, mar. 2015, pp. 142-50.

BOYD, Robert; RICHERSON, Peter J. "Why Culture is Common, but Cultural Evolution is Rare". *Proceedings of the British Academy*, Oxford, v. 88, 1996, pp. 77-93.

BOYD, William C. *Genetics and the Races of Man*. Boston: D. C. Heath and Company, 1950.

BOYER, Pascal. *Religion Explained: The Evolutionary Origins of Religious Thought*. E-book. Nova York: Basic Books, 2001.

BOWLES, Samuel. *Microeconomics: Behavior, Institution, and Evolution*. Nova York: Russel Sage Foundation, 2004.

BRAIDWOOD, Robert J. *Homens pré-históricos*. 2. ed. Brasília: Universidade de Brasília, 1988.

BRUNO, Giordano; VICO, Giambattista. *Sobre o infinito, o universo e os mundos* seguido de *Princípios de uma ciência nova: acerca da natureza comum das nações*. São Paulo: Nova Cultural, 1988.

BUCHER, Karl. *Industrial Evolution*. Wilmington: Vernon, 2013.

BUSS, David M. et al. "Sex Differences in Jealousy: Evolution, Physiology, and Psychology". *Psychologial Science*, v. 3, n. 4, 1992, pp. 251-6.

CASSEGARD, Carl. "Eco-Marxism and the Critical Theory of Nature: Two Perspectives on Ecology and Dialectics". *Distinktion: Journal of Social Theory*, 18:3, 2017, pp. 314-32.

CASSIRER, Ernst. *Ensaio sobre o homem: Introdução a uma filosofia da cultura humana* [1944]. São Paulo: Martins Fontes, 2005.

______. *Linguagem e mito*. 4. ed. São Paulo: Perspectiva, 2019.

CAVALLI-SFORZA, Luigi Luca. *Genes, povos e línguas*. São Paulo: Companhia das Letras, 2003.

CHATTERJEE, R. "Reading Whorf through Wittgenstein: A Solution to the Linguistic Relativity Problem", *Lingua*, v. 67, 1985, pp. 37-63.

CHILDE, V. Gordon. *Teorias da história*. Lisboa: Portugália, 1964.

______. *A evolução cultural do homem*. 4. ed. Rio de Janeiro: Zahar, 1978.

______. *O que aconteceu na história*. São Paulo: Círculo do Livro, 1981.

CHOMSKY, Noam. *Cartesian Linguistics: A Chapter in the History of Rationalist Thought*. Nova York; Londres: Harper & Row, 1966.

______. *Rules and Representations*. Nova York: Columbia University Press, 1980.

______. *Linguagem e mente* [1968]. 2. ed. São Paulo: Ed. Unesp, 2009a.

______. *Reflexões sobre a linguagem*. São Paulo: JSN, 2009b.

______. *Estruturas sintáticas*. Petrópolis: Vozes, 2015.

______. *On Language: Chomsky's Classic Works: Language and Responsibility and Reflections on Language*. Nova York: The New Press, 2017.

COMTE, Auguste. *Cours de Philosophie Positive*. E-book. Paris: Library of Alexandria, 2009.

CONDORCET, Jean-Antoine-Nicolas de Caritat, marquês. *Esboço de um quadro histórico dos progressos do espírito humano*. Campinas: Ed. da Unicamp, 2013.

COSMIDES Leda.; TOOBY, John. *Evolutionary Psychology: A Primer*. Santa Barbara: University of California/ Center for Evolutionary Psychology, 1997.

DARWIN, C. *The Descent of Man, and Selection in Relation to Sex* [1871], v. 1. E-book. Miami: HardPress, 2017.

DARWIN, C. *On the Origin of Species* [1859]. E-book. Miami: HardPress, 2018.

DAWKINS, Richard. *O gene egoísta*. E-book. São Paulo: Companhia das Letras, 2007.

______. "The Descent of Edward Wilson". *Prospect*, 24 maio 2012.

DEDIU, D.; LEVINSON, S. C. "Neanderthal Language Revisited: Not Only Us", *Current Opinion in Behavioral Sciences*, v. 21, jun. 2018, pp. 49-55.

DEMERATH III, N. J.; PETERSON, Richard A (Orgs.). *System, Change, and Conflict*. Nova York: The Free Press, 1967.

DENNET, Daniel C. "Animal Consciousness: What Matters and Why", *Social Research*, Baltimore, v. 62., n. 3, outono 1995, pp. 691-710.

DIAMOND, Jared. *Armas, germes e aço*. E-book. Rio de Janeiro: Record, 2017.

DOBZHANSKY, Theodosius. *O homem em evolução* [1962]. São Paulo: Polígono, 1968.

______. "Nothing in Biology Makes Sense except in the Light of Evolution". *The American Biology Teacher*, Berkeley, v. 35, n. 3, mar. 1973, pp. 125-9.

DOBZHANSKY, Theodosius; MONTAGU, M. F. Ashley. "Natural Selection and the Mental Capacities of Mankind". *Science*, Washington, v. 195, n. 2736, jun. 1947, pp. 587-90.

DOSSE, Francois. *História do estruturalismo v. I: O campo do signo, 1945-1966*. São Paulo: Ed. Unesp, 2018a.

______. *História do estruturalismo v. II: O canto do cisne, de 1967 a nossos dias*. São Paulo: Ed. Unesp, 2018b.

DUMONT, Louis. *Homo Hierarchicus: O sistema das castas e suas implicações*. São Paulo: Edusp, 2008.

DURHAM, William. *Coevolution: Genes, Culture, and Human Diversity*. Stanford: Stanford University Press, 1991.

DURKHEIM, Émile. *As formas elementares da vida religiosa: O sistema totêmico na Austrália*. São Paulo: Paulinas, 1989.

______. *Sociologia e filosofia*. São Paulo: Edipro, 2015.

______. *Da divisão do trabalho social*. São Paulo: Edipro, 2016a.

______. *O socialismo*. São Paulo: Edipro, 2016b.

______. *As regras do método sociológico*. Petrópolis: Vozes, 2019.

ECCLES, John C. "Do Mental Events Cause Neural Events Analogously to the Probability Fields of Quantum Mechanics?". *Proceedings of the*

Royal Society of London. Series B, Biological Sciences, Londres, v. 227, n. 1249, maio 1986, pp. 411-28.

ECCLES, John C. "A Unitary Hypothesis of Mind-Brain Interaction in the Cerebral Cortex". *Proceedings of the Royal Society of London, Series B, Biological Sciences*, Londres, v. 240, n. 1299, jun. 1990, pp. 433-51.

ELIAS, Norbert. *O processo civilizador v. 1: Uma história dos costumes*. 2. ed. Rio de Janeiro: Zahar, 2011.

______. *O processo civilizador v. 2: Formação do Estado e civilização*. Rio de Janeiro: Zahar, 1993.

ELLEN, Roy; FUKUI, Katsuyoshi (Eds.). *Redefining Nature: Ecology, Culture and Domestication*. Londres; Nova York: Routledge, 2020.

ELSASSER, Walter M. *Átomo y organismo nuevo enfoque de la biología teórica*. Cidade do Mexico: Siglo Veintiuno, 1969.

ESPINOSA, Bento de. *Ética*. 2. ed. Belo Horizonte: Autêntica, 2009.

EVA, Jablonka; LAMB, Marion J. *Evolution in Four Dimensions: Genetic, Epigenetic, Behavioral, and Symbolic Variation in the History of Life*. Ed. revisada. Massachussets: MIT Press, 2014.

EVANS-PRITCHARD, E. E. *Antropologia social*. Lisboa: Edições 70, 2013.

EVERETT, Daniel L. *Linguagem: A história da maior invenção da humanidade*. E-book. São Paulo: Contexto, 2019.

FANON, Frantz. *The Wretched of the Earth* [1961]. Nova York: Grove, 2007.

FERNALD, Anne. "Human Maternal Vocalizations to Infants as Biologically Relevant Signals: An Evolutionary Perspective". In: BARKOW, Jerome H.; TOOBY, John; COSMIDES, Leda (Eds.). *The Adapted Mind: Evolutionary Psychology and the Generation of Culture*. Nova York: Oxford University Press, 1992, pp. 391-428.

FEUERBACH, Ludwig. *Princípios da filosofia do futuro*. Lisboa: Edições 70, 1988.

______. *A essência do cristianismo*. E-book. [S. l.]: Família Católica, 2019.

FIRTH, Raymond. *Elementos de organização social*. Rio de Janeiro: Zahar, 1974.

______. *Tipos humanos*. São Paulo: Mestre Jou, 1978.

FODOR, Jerry A. "The Mind-Body Problem". *Scientific American*, Nova York, v. 244, n. 1, jan. 1981, pp. 124-32.

______. *The Mind Doesn't Work that Way: The Scope and Limits of Computational Psychology*. Nova York: MIT Press, 2000.

FOSTER, John Bellamy. *Marx's Ecology: Materialism and Nature*. Nova York: Monthly Review Press, 2000.

FOUCAULT, Michel. *As palavras e as coisas*. 10. ed. São Paulo: Martins Fontes, 2016.

FRACCHIA, Joseph; LEWONTIN, R. C. "Does Culture Evolve?". *History and Theory*, Middletown, v. 8, n. 4, dez. 1999, pp. 52-78.

FREUD, Sigmund. *História de uma neurose infantil ("O homem dos lobos"), Além do princípio do prazer e outros textos* (1917-1920). São Paulo: Companhia das Letras, 2010. (Obras Completas, v. 14.)

______. *O infamiliar e outros escritos* seguido de *"O homem da areia" de E. T. A. Hoffmann*. Belo Horizonte: Autêntica, 2019.

______. *Além do princípio do prazer*. Belo Horizonte: Autêntica, 2020.

______. *O incômodo: Das Unheimliche* (1919). São Paulo: Blucher, 2021. (Série Pequena Biblioteca Invulgar.)

FRIED, Morton H. *A evolução da sociedade política: Um ensaio sobre antropologia política*. Rio de Janeiro: Zahar, 1976.

GEERTZ, Clifford. *A interpretação das culturas* [1973]. Rio de Janeiro: Zahar, 1978.

______. *Nova luz sobre a antropologia*. Rio de Janeiro: Zahar, 2001.

GEHLEN, Arnold. *El hombre: Su naturaleza y su lugar en el mundo*. 2. ed. Salamanca: Sigueme, 1987.

GIDDENS, Anthony. *Problemas centrais em teoria social: Ação, estrutura e contradição na análise sociológica*. Petrópolis: Vozes, 2018.

GIL-WHITE, Francisco J. "Are Ethnic Groups Biological 'Species' to the Human Brain? Essentialism in our Cognition of some Social Categories". *Current Anthropology*, Chicago, v. 42, n. 4, ago. 2001, pp. 515-54.

GINTIS, Herbert et al. (Orgs.). *Moral Sentiments and Material Interests: The Foundations of Cooperation in Economic Life*. Cambridge: MIT Press, 2005.

GOULD, Stephen Jay. *O polegar do panda: Reflexões sobre história natural*. São Paulo: Martins Fontes, 1989.

GOULD, Stephen Jay; LEWONTIN, R. "The Spandrels of San Marco and the Panglossian Paradigm: A Critique of the Adaptationist Programme". *Proceedings of the Royal Society B*, Londres, v. 205, n. 1161, 1979, pp. 581-98.

GOULD, Stephen Jay; VRBA, E. S. "Exaptation — A Missing Term in the Science of Form". *Paleobiology*, Cambridge, v. 8, n. 1, 1982, pp. 4-15.

GRAEBER, David. "Foreword to the Routledge Classic Edition". In: SAHLINS, Marshall D. *Stone Age Economics*. Londres: Routledge, 2017, pp. ix-xviii.

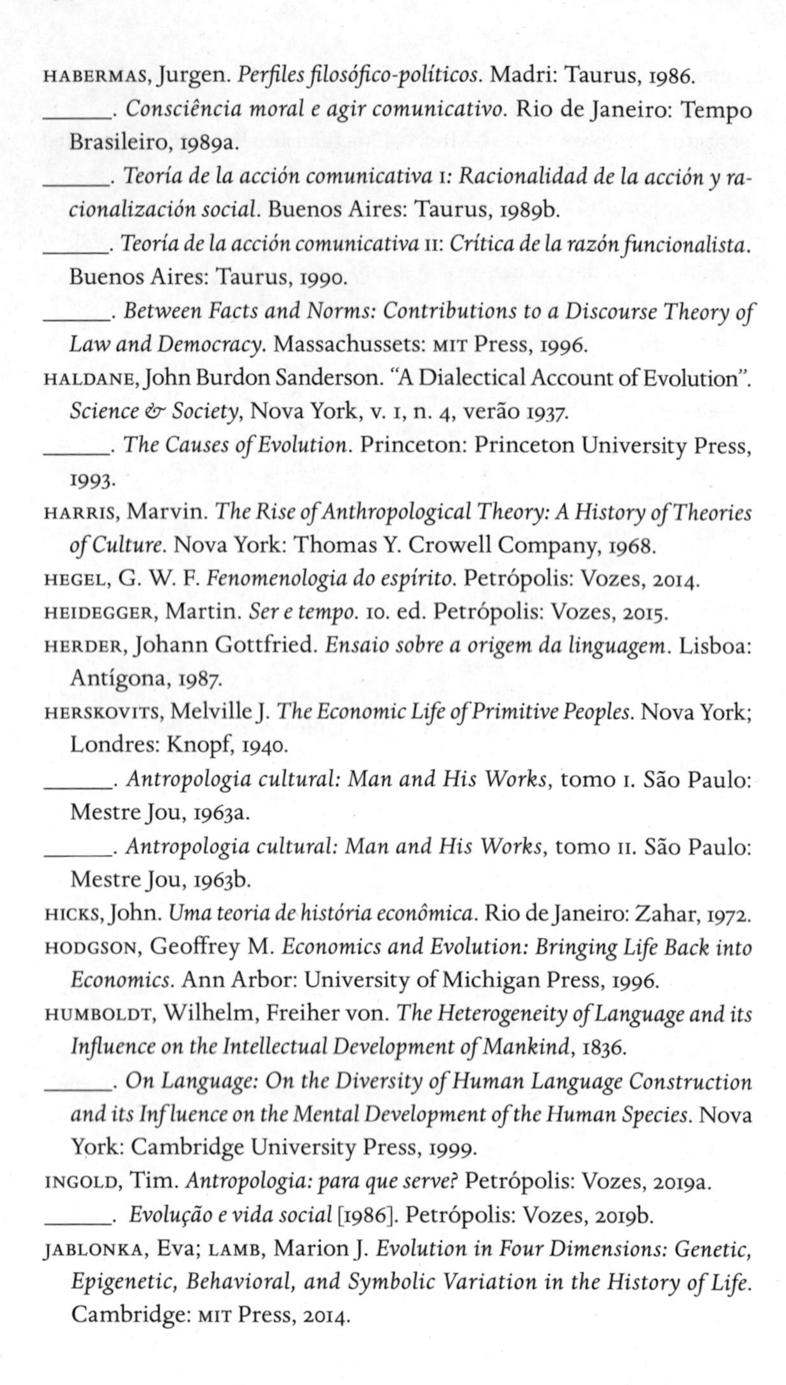

HABERMAS, Jurgen. *Perfiles filosófico-políticos*. Madri: Taurus, 1986.

______. *Consciência moral e agir comunicativo*. Rio de Janeiro: Tempo Brasileiro, 1989a.

______. *Teoría de la acción comunicativa I: Racionalidad de la acción y racionalización social*. Buenos Aires: Taurus, 1989b.

______. *Teoría de la acción comunicativa II: Crítica de la razón funcionalista*. Buenos Aires: Taurus, 1990.

______. *Between Facts and Norms: Contributions to a Discourse Theory of Law and Democracy*. Massachussets: MIT Press, 1996.

HALDANE, John Burdon Sanderson. "A Dialectical Account of Evolution". *Science & Society*, Nova York, v. 1, n. 4, verão 1937.

______. *The Causes of Evolution*. Princeton: Princeton University Press, 1993.

HARRIS, Marvin. *The Rise of Anthropological Theory: A History of Theories of Culture*. Nova York: Thomas Y. Crowell Company, 1968.

HEGEL, G. W. F. *Fenomenologia do espírito*. Petrópolis: Vozes, 2014.

HEIDEGGER, Martin. *Ser e tempo*. 10. ed. Petrópolis: Vozes, 2015.

HERDER, Johann Gottfried. *Ensaio sobre a origem da linguagem*. Lisboa: Antígona, 1987.

HERSKOVITS, Melville J. *The Economic Life of Primitive Peoples*. Nova York; Londres: Knopf, 1940.

______. *Antropologia cultural: Man and His Works*, tomo I. São Paulo: Mestre Jou, 1963a.

______. *Antropologia cultural: Man and His Works*, tomo II. São Paulo: Mestre Jou, 1963b.

HICKS, John. *Uma teoria de história econômica*. Rio de Janeiro: Zahar, 1972.

HODGSON, Geoffrey M. *Economics and Evolution: Bringing Life Back into Economics*. Ann Arbor: University of Michigan Press, 1996.

HUMBOLDT, Wilhelm, Freiher von. *The Heterogeneity of Language and its Influence on the Intellectual Development of Mankind*, 1836.

______. *On Language: On the Diversity of Human Language Construction and its Influence on the Mental Development of the Human Species*. Nova York: Cambridge University Press, 1999.

INGOLD, Tim. *Antropologia: para que serve?* Petrópolis: Vozes, 2019a.

______. *Evolução e vida social* [1986]. Petrópolis: Vozes, 2019b.

JABLONKA, Eva; LAMB, Marion J. *Evolution in Four Dimensions: Genetic, Epigenetic, Behavioral, and Symbolic Variation in the History of Life*. Cambridge: MIT Press, 2014.

JACOB, François. *Le Jeu des possibles: Essai sur la diversité du vivant*. Paris: Fayard, 1981.

JAKOBSON, Roman; HALLE, Morris. *Fundamentos del lenguaje*. Madri: Ayuso, 1973.

JAMES, William. *The Principles of Psychology*. Nova York: Dover, 1890.

JONES, Clive G.; LAWTON, John H.; SHACHAK, Moshe. "Positive and Negative Effects of Organisms as Physical Ecosystem Engineers". *Ecology*, Washington, v. 78, n. 7, out. 1997, pp. 1946-57.

KANT, Immanuel. "Reviews of Herder's Ideas on the Philosophy of the History of Mankind". In: *Political Writings*, ed. H. Reiss, trad. H. B. Nisbet. Cambridge: Cambridge University Press, 1970, pp. 201-20.

______. *Crítica da razão pura*. 4. ed. Petrópolis: Vozes, 2015.

KAY, Paul; KEMPTON, Willet. "What Is the Sapir-Whorf Hypothesis?". *American Anthropologist*, Arlington, v. 86, n. 1, 1984, pp. 65-79.

KIENPOINTNER, M. "Whorf and Wittgenstein. Language, World View and Argumentation". *Argumentation*, v. 10, 1996, pp. 475-94.

KLUCKHON, Clyde. *Antropologia: Um espelho para o homem*. Belo Horizonte: Itatiaia, 1963.

KROEBER, A. L. *A natureza da cultura* [1952]. Lisboa: Edições 70, 1993.

KROEBER, A. L. et al. *Anthropology Today: An Encyclopedic Inventory*. Chicago: University of Chicago Press, 1953.

LALAND, Kevin N., ODLING-SMEE, John; FELDMAN, Marcus W. "Niche Construction, Biological Evolution, and Cultural Change". *Behavioral and Brain Sciences*, Cambridge, v. 23, n. 1, 2001, pp. 131-75.

LALAND, Kevin N. et al. "The Extended Evolutionary Synthesis: Its Structure, Assumptions and Predictions". *Proceedings of the Royal Society B*, Londres, n. 282, 20151019, 2015.

LATOUR, Bruno. *Investigação sobre os modos de existência: Uma antropologia dos modernos*. Petrópolis: Vozes, 2019.

LEHRMAN, D. S. "A Critique of Konrad Lorenz's Theory of Instinctive Behavior". *Quarterly Review of Biology*, Chicago, v. 28, n. 4, dez. 1953.

LENNEBERG, Eric H. *Biological Foundations of Language*. Nova York: John Wiley & Sons, 1967.

LERNER, A. P. "Is Professor Haldane's Account of Evolution Dialectical?". *Science & Society*, Nova York, v. 2, n. 2, pp. 232-42, primavera 1938.

LEVINAS, Emmanuel. *Totalité et Infini: Essai sur l'extériorité*. Paris: Le Livre de Poche, 1988. [Ed. port.: *Totalidade e infinito*. 3. ed. Lisboa: Edições 70, 2020.]

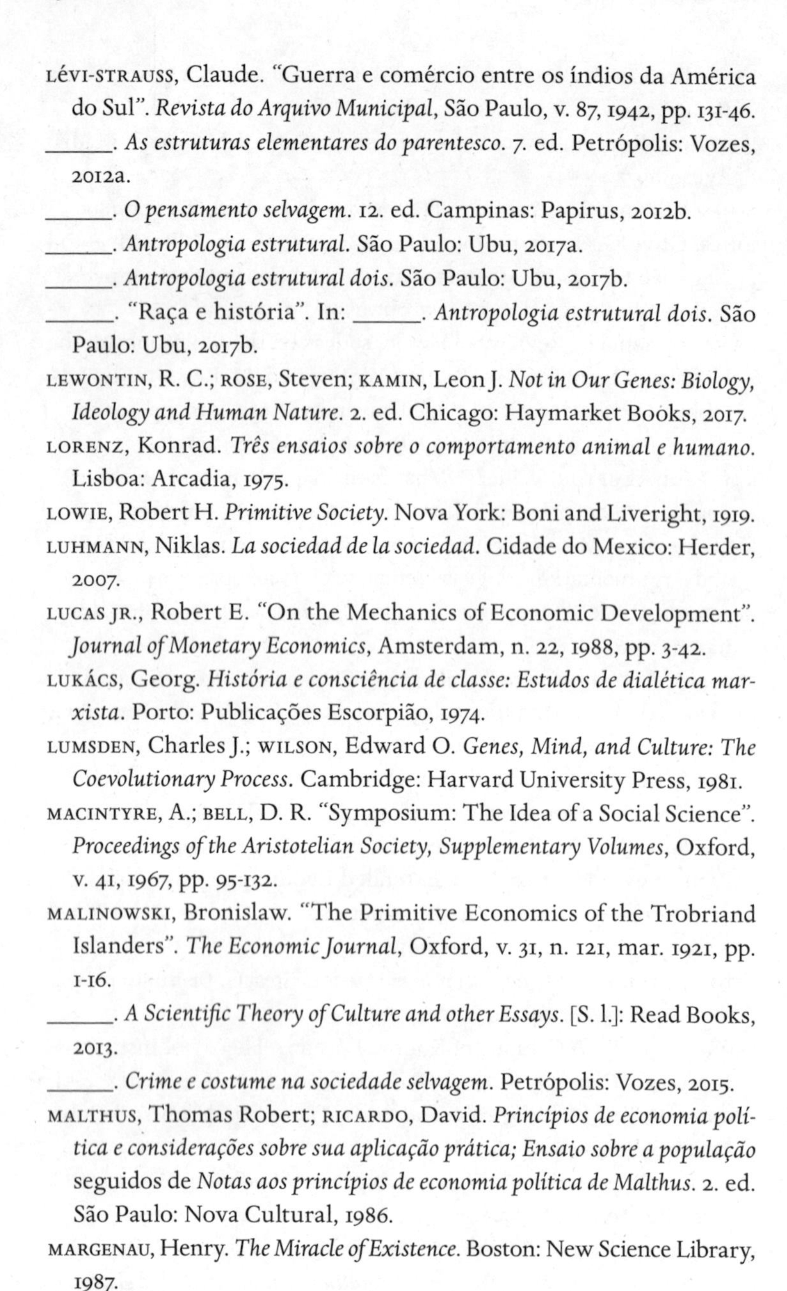

LÉVI-STRAUSS, Claude. "Guerra e comércio entre os índios da América do Sul". *Revista do Arquivo Municipal*, São Paulo, v. 87, 1942, pp. 131-46.

______. *As estruturas elementares do parentesco*. 7. ed. Petrópolis: Vozes, 2012a.

______. *O pensamento selvagem*. 12. ed. Campinas: Papirus, 2012b.

______. *Antropologia estrutural*. São Paulo: Ubu, 2017a.

______. *Antropologia estrutural dois*. São Paulo: Ubu, 2017b.

______. "Raça e história". In: ______. *Antropologia estrutural dois*. São Paulo: Ubu, 2017b.

LEWONTIN, R. C.; ROSE, Steven; KAMIN, Leon J. *Not in Our Genes: Biology, Ideology and Human Nature*. 2. ed. Chicago: Haymarket Books, 2017.

LORENZ, Konrad. *Três ensaios sobre o comportamento animal e humano*. Lisboa: Arcadia, 1975.

LOWIE, Robert H. *Primitive Society*. Nova York: Boni and Liveright, 1919.

LUHMANN, Niklas. *La sociedad de la sociedad*. Cidade do Mexico: Herder, 2007.

LUCAS JR., Robert E. "On the Mechanics of Economic Development". *Journal of Monetary Economics*, Amsterdam, n. 22, 1988, pp. 3-42.

LUKÁCS, Georg. *História e consciência de classe: Estudos de dialética marxista*. Porto: Publicações Escorpião, 1974.

LUMSDEN, Charles J.; WILSON, Edward O. *Genes, Mind, and Culture: The Coevolutionary Process*. Cambridge: Harvard University Press, 1981.

MACINTYRE, A.; BELL, D. R. "Symposium: The Idea of a Social Science". *Proceedings of the Aristotelian Society, Supplementary Volumes*, Oxford, v. 41, 1967, pp. 95-132.

MALINOWSKI, Bronislaw. "The Primitive Economics of the Trobriand Islanders". *The Economic Journal*, Oxford, v. 31, n. 121, mar. 1921, pp. 1-16.

______. *A Scientific Theory of Culture and other Essays*. [S. l.]: Read Books, 2013.

______. *Crime e costume na sociedade selvagem*. Petrópolis: Vozes, 2015.

MALTHUS, Thomas Robert; RICARDO, David. *Princípios de economia política e considerações sobre sua aplicação prática; Ensaio sobre a população* seguidos de *Notas aos princípios de economia política de Malthus*. 2. ed. São Paulo: Nova Cultural, 1986.

MARGENAU, Henry. *The Miracle of Existence*. Boston: New Science Library, 1987.

MARX, Karl. *A miséria da filosofia*. São Paulo: Global, 1985.

MARX, Karl. *Contribuição à crítica da economia política*. São Paulo: Martins Fontes, 2003.

______. *Manuscritos econômico-filosóficos*. São Paulo: Boitempo, 2010.

______. *Grundrisse: Manuscritos econômicos de 1857-1858: Esboços da crítica da economia política*. E-book. São Paulo: Boitempo, 2015a.

MARX, Karl; ENGELS, Friedrich. *A ideologia alemã: Crítica da mais recente filosofia alemã em seus representantes*. E-book. São Paulo: Boitempo, 2015b.

MATURANA, Humberto R.; VARELA, Francisco J. *A árvore do conhecimento: As bases biológicas da compreensão humana*. São Paulo: Palas Athena, 2001.

MAUSS, Marcel. *Sociologia e antropologia* [1950]. São Paulo: Ubu, 2017.

MAYR, Ernst. *Animal Species and Evolution*. Cambridge: Belknap, 1963.

______. *The Growth of Biological Thought: Diversity, Evolution and Inheritance*. Cambridge: Belknap, 1982.

MILLER, Geoffrey F. *The Mating Mind: How Sexual Choice Shaped the Evolution of Human Nature*. Nova York: Anchor Books, 2001.

MIRANDOLA, Pico Della. *A dignidade do homem*. São Paulo: Escala, 2008.

MONOD, Jacques. *O acaso e a necessidade*. Petrópolis: Vozes, 1971.

NELSON, Richard R.; WINTER, Sidney G. *Uma teoria evolucionária da mudança econômica*. Campinas: Ed. da Unicamp, 2005.

NORTH, Douglass C. *Instituições, mudança institucional e desempenho econômico*. São Paulo: Três Estrelas, 2018.

NOWAK, Martin A.; TARNITA, Corina E.; WILSON, Edward O. "The Evolution of Eusociality". *Nature*, Londres, v. 466, n. 7310, ago. 2010, pp. 1057-62.

OGDEN, C. K.; RICHARDS, I. A. *O significado de significado: Um estudo da influência da linguagem sobre o pensamento e sobre a ciência do simbolismo*. 2. ed. Rio de Janeiro: Zahar: 1976.

PÄÄBO, Svante. *Neanderthal Man: In Search of Lost Genomes*. E-book. Nova York: Basic Books, 2014.

PARSONS, Talcott. *Sociedades: Perspectivas evolutivas e comparativas*. São Paulo: Livraria Pioneira, 1969.

______. *O sistema das sociedades modernas*. São Paulo: Livraria Pioneira, 1974.

PEIRCE, Charles Sanders. *Semiótica*. 4. ed. São Paulo: Perspectiva, 2019.

PIGLIUCCI, Massimo; MULLER, Gerd B (Orgs.). *Evolution: The Extended Synthesis*. Cambridge: MIT Press, 2010.

PINKER, Steven. *Como a mente funciona*. São Paulo: Companhia das Letras, 1998.
______. *The Blank Slate: The Modern Denial of the Human Nature*. E-book. Nova York: Penguin, 2003.
______. *The Language Instinct: The New Science of Language and Mind* [1994]. Londres: The Folio Society, 2008.
POLANYI, Karl. *A subsistência do homem e ensaios correlatos*. Rio de Janeiro: Contraponto, 2012.
POPPER, Karl. R. *Conhecimento objetivo*. Belo Horizonte: Itatiaia, 1999.
______. ECCLES, John C. *O eu e seu cérebro*. Campinas: Papirus; Brasília: Universidade de Brasília, 1991.
POUTIGNAT, Phillipe; STREIFF-FENART, Jocelyne. *Teorias da etnicidade* seguido de BARTH, Fredrik. *Grupos étnicos e suas fronteiras*. São Paulo: Ed. Unesp, 2020.
QUINE, W. V. O. "Replies". *Synthese*, Dordrecht, v. 19, n. 1-2, 1968, pp. 264-322.
______. "Indeterminacy of Translation Again". *Journal of Philosophy*, Nova York, v. 84, 1987a, pp. 5-10.
______. "Meaning". *Quiddities: An Intermittently Philosophical Dictionary*, Cambridge, 1987b, pp. 130-1.
______. *Palavra e objeto* [1960]. Petrópolis: Vozes, 2010.
RAATIKAINEN, Panu. "On How to Avoid the Indeterminacy of Translation". *The Southern Journal of Philosophy*, Memphis, v. 43, n. 3, 2005, pp. 295-413.
RADCLIFFE-BROWN, Alfred R. "On the Concept of Function in Social Science". *American Anthropologist*, v. 37, p. 3, 1935.
______. "On Social Structure". *The Journal of the Royal Anthropological Institute of Great Britain and Ireland*, Londres, v. 70, n. 1, 1940, pp. 1-12.
______. *Estrutura e função na sociedade primitiva* [1952]. Petrópolis: Vozes, 1971.
RICHERSON, Peter K.; BOYD, Robert. *Not by Genes Alone: How Culture Transformed Human Evolution*. E-book. Chicago: University of Chicago Press, 2008.
ROMER, Paul M. "Increasing Returns and Long-Run Growth". *Journal of Political Economy*, Chicago, v. 94, n. 5, 1986, pp. 1002-38.
ROMESÍN, Humberto Maturana; GARCÍA, Francisco J. Varela. *De máquinas e seres vivos: Autopoiese — a organização do vivo*. Porto Alegre: Artes Médicas, 1997.

ROSENBLUETH, Arturo; WIENER, Norbert; BIGELOW, Julian. "Behavior, Purpose and Teleology". *Philosophy of Science*, Chicago, v. 10, n. 1, jan. 1943, pp. 18-24.

SAHLINS, Marshall D. *Cultura e razão prática* [1976]. Rio de Janeiro: Zahar, 2003.

______. *Stone Age Economics* [1972]. Londres; Nova York: Routledge, 2017.

______. SERVICE, Elman R.; HARDING, Thomas G. *Evolution and Culture*. Ann Arbor: University of Michigan Press, 1960.

SAID, Edward W. *Orientalismo: O Oriente como invenção do Ocidente* [1978]. São Paulo: Companhia das Letras, 2007.

SAPIR, Edward. *Selected Writings of Edward Sapir: In Language, Culture and Personality*. Berkeley; Los Angeles: University of California Press, 1963.

______. *A linguagem: Introdução ao estudo da fala* [1921]. 2. ed. Rio de Janeiro: Livraria Acadêmica, 1971.

SARTRE, Jean-Paul. *Sartre no Brasil: A conferência de Araraquara*. 3. ed. São Paulo: Ed. Unesp, 2019.

SAUSSURE, Ferdinand de. *Curso de linguística geral* [1916]. 28. ed. São Paulo: Cultrix, 2012.

SCHMIDT, Alfred. *The Concept of Nature in Marx* [1962]. Londres: Verso, 2014.

SCHRÖDINGER, Erwin. *O que é vida? O aspecto físico da célula viva* seguido de *Mente e matéria* e *Fragmentos autobiográficos*. São Paulo: Ed. da Unesp, 1997.

SEARLE, John. *Making the Social World: The Structure of Human Civilization*. E-book. Oxford: Oxford University Press, 2010.

SIMPSON, George Gaylord. *O significado da evolução: Um estudo da história da vida e do seu sentido humano*. São Paulo: Livraria Pioneira, 1962.

SKINNER, B. F. *Verbal Behavior* [1957]. Englewood Cliffs: Martino, 2015.

SLOBIN, Dan I. "Learning to Think for Speaking: Native Language, Cognition, and Rhetorical Style". *Pragmatics*, v. 1, n. 1, 1991, pp. 7-25.

SMITH, John Maynard. *A evolução do sexo* [1978]. São Paulo: Ed. Unesp, 2012.

______. SZATHMÁRY, Eörs. *The Origins of Life: From the Birth of Life to the Origin of Language*. Oxford: Oxford University Press, 1999. [Ed. port.: *As origens da vida: Do nascimento da vida às origens da linguagem*. Lisboa: Gradiva, 2007.]

SPENCER, Herbert. *The Principles of Psychology*. Londres: Longman, Brown, Green, and Longmans, 1855.

SPENCER, Herbert. *First Principles*. Londres: Williams and Norgate, 1867.

______. *The Principles of Sociology*, 3 v. Nova York: D. Appleton and Company, 1898.

TAX, Sol (Org.). *The Evolution of Man*. Chicago: University of Chicago Press, 1960.

TERRAY, Emmanuel. *O marxismo diante das sociedades primitivas* [1969]. Rio de Janeiro: Graal, 1979.

THOMAS JR., William L. *Current Anthropology: A Supplement to Anthropology Today*. Chicago: University of Chicago Press, 1956.

THURNWALD, Richard. *L'Economie primitive*. Paris: Payot, 1937.

TOMASELLO, Michael. "Language is not an Instinct". *Cognitive Development*, Amsterdam, v. 10, 1995, pp. 131-56.

______. *Origens culturais da aquisição do conhecimento humano* [1999]. 2. ed. São Paulo: Martins Fontes, 2019.

______. *Constructing a Language: A Usage-Based Theory of Language Acquisition*. Cambridge: Harvard University Press, 2005.

TOOBY, John; COSMIDES, Leda. "Evolutionary Psychology and the Generation of Culture. I. Theoretical Considerations". *Ethology and Sociobiology*, Amsterdam, v. 10, n. 1-3, 1989, pp. 29-49.

______. "The Psychological Foundations of Culture". In: BARKOW, Jerome H.; COSMIDES, Leda; TOOBY, John (Eds.). *The Adapted Mind: Evolutionary Psychology and the Generation of Culture*. Nova York: Oxford University Press, 1992, pp. 19-136.

TREMLETT, P. "Structure Amongst the Modules: Levi-Strauss and Cognitive Theorizing About Religion". *Method and Theory in the Study of Religion*, Leiden, v. 23, 2011, pp. 351-66.

TROUBETZKOY, N. S. *Principes de phonologie*. Paris: Klincksieck, 1970.

UEXKULL, Jakob Von. *Andanzas por los mundos circundantes de los animales y los hombres* [1934]. Buenos Aires: Cactus, 2016.

VAN PARIJS, Philippe. *Evolutionary Explanation in the Social Sciences*. Totowa: Rowman and Litttlefield, 1981.

VEBLEN, Thorstein. *The Complete Works*. E-book. [S. l.]: e-artnow, 2016.

VIGOTSKI, L. S. *A construção do pensamento e da linguagem*. São Paulo: Martins Fontes, 2009.

VIVEIROS DE CASTRO, Eduardo. *A inconstância da alma selvagem e outros ensaios de antropologia*. São Paulo: Cosac Naify, 2002.

WADDINGTON, C. "Evolutionary Systems — Animal and Human". *Nature*, Edimburgo, v. 183, 1959, pp. 1634-8.

WEBER, Max. *Ensayos sobre sociología de la religión*, 3 v. Madri: Taurus, 2001.

______. *Economia e sociedade* [1921]. v. 2. Brasília: Ed. UnB, 2012.

______. *Metodologia das ciências sociais* [1922]. 5. ed. São Paulo: Cortez; Campinas: Ed. da Unicamp, 2016.

WEIL, Simone. *Contra o colonialismo*. Rio de Janeiro: Bazar do Tempo, 2019.

______. *Reflexões sobre as causas da liberdade e da opressão social* [1934]. Belo Horizonte: Âyiné, 2020.

WHEELER, William Morton. "The Ant Colony as an Organism". *Journal of Morphology*, Boston, n. 22, 1911, pp. 307-25.

WHITE, Leslie A. *The Science of Culture: A Study of Man and Civilization*. Nova York: Farrar, Straus and Cudahy, 1949.

______. *O conceito de sistemas culturais: Como compreender tribos e nações* [1975]. Rio de Janeiro: Zahar, 1978.

WHORF, Benjamin Lee. *Language, Thought and Reality: Selected Writings of Benjamin Lee Whorf*. Mansfield: Martino, 2011.

WIENER, Norbert. *Cibernética e sociedade: O uso humano de seres humanos* [1950]. 2. ed. São Paulo: Cultrix, 1963.

______. *Cibernética ou Controle e comunicação no animal e na máquina* [1948]. São Paulo: Perspectiva, 2017.

WILLIAMS, George C. *Natural Selection: Domains, Levels, and Challenges* [1966]. Nova York: Oxford University Press, 1992.

WILLIAMSON, Oliver E. *The Economics Institutions of Capitalism*. Nova York: Free Press, 1985.

WILSON, Edward O. *Sociobiology: The New Synthesis*. Cambridge: Harvard University Press, 1975.

______. *On Human Nature*. Cambridge: Harvard University Press, 1978.

______. *A unidade do conhecimento: Consiliência*. Rio de Janeiro: Campus, 1999.

______. *A conquista social da Terra*. São Paulo: Companhia das Letras, 2013.

WILSON, David Sloan; WILSON, Edward O. "Rethinking the Theoretical Foundation of Sociobiology". *The Quarterly Review of Biology*, Chicago, v. 82, n. 4, dez. 2007, pp. 327-48.

WILSON, Margo; DALY, Martin. "The Man Who Mistook His Wife for a Chattel". In: J BARKOW, Jerome H.; TOOBY, John; COSMIDES, Leda (Eds.). *The Adapted Mind: Evolutionary Psychology and the Generation of Culture*. Nova York: Oxford University Press, 1992, pp. 289-322.

WINCH, Peter. "Understanding a Primitive Society". *American Philosophical Quarterly*, Chicago, v. 1, n. 4, 1964.

______. *A ideia de uma ciência social e sua relação com a filosofia* [1958]. São Paulo: Ed. Unesp, 2020.

WITTGENSTEIN, Ludwig. *The Blue and Brown Books: Preliminary Studies for the "Philosophical Investigations"*. Oxford: Blackwell, 1958.

______. *Lectures and Conversations on Aesthetics, Psychology and Religious Belief*. Org. de Cyril Barrett. Berkeley; Los Angeles: University of California Press, 1967.

______. *Fichas* (*Zettel*) [1967]. Lisboa: Edições 70, 1989a.

______. *Investigações filosóficas* [1953] seguido de *Escritos filosóficos de George Edward Moore*. São Paulo: Nova Cultural, 1989b. (Col. Os Pensadores.)

______. *Da certeza* [1969]. Lisboa: Edições 70, 2020.

WRANGHAM, Richard. *The Goodness Paradox: How Evolution Made Us Both More and Less Violent*. E-book. Londres: Profile Books, 2019.

WRIGHT, Erik; LEVINE, Andrew; SOBER, Elliot. *Reconstruindo o marxismo: Ensaios sobre a explicação e teoria da história*. Petrópolis: Vozes, 1993.

Glossário

Alelo: variante de um determinado gene, localizada sempre no mesmo lugar do cromossomo, geralmente associada a expressões fenotípicas diferentes, como a cor dos olhos ou o grupo sanguíneo. Do grego *allos*, "outro".

Alodializado: de "alódio", palavra derivada do francês antigo que designa a propriedade territorial que durante a Idade Média era livre da cobrança de impostos e obrigações senhoriais, sendo, portanto, passível de compra e venda.

Alosteria: propriedade de certas enzimas e proteínas capazes de modificar sua estrutura espacial — e portanto, suas propriedades bioquímicas — conforme a presença ou ausência de moléculas específicas em zonas distintas do sítio ativo; por exemplo, o oxigênio e o gás carbônico são moduladores alostéricos da hemoglobina. Do grego *allos* ("outro") + *stereos* ("sólido", ou "tridimensional").

Anagênese: processos contínuos pelos quais uma característica surge ou se modifica numa população ao longo do tempo, gerando uma nova espécie.

Aufklärung: termo alemão geralmente traduzido como "esclarecimento" ou "iluminação", referente ao racionalismo iluminista que, no século XVIII, se espraiou da França de Descartes, Voltaire e da *Enciclopédia* para diversos campos das ciências e das artes europeias, como o neoclassicismo alemão e a filosofia kantiana. Na acepção dialética de Adorno e Horkheimer, significa o desencantamento do mundo administrado pela técnica capitalista avançada.

Autapomorfia: traço ou característica exclusiva de um gênero, espécie ou classe de seres, não presente nos ramos ancestrais de sua árvore filogenética. Entre indivíduos da mesma espécie, quanto maior a presença de traços autapomórficos, menor é a possibilidade de que sejam compatíveis para a reprodução sexual. Do grego *autos* ("mesmo") + *apo* ("distante") + *morphé* ("forma").

Autopoiese: conceito proposto pelos chilenos Humberto Maturana e Francisco Varela em 1970, significa a capacidade dos seres vivos de produzirem a si mesmos num padrão recursivo, à maneira de máquinas capazes de criar sua própria organização interna a partir de certos componentes fundamentais, respondendo a mudanças no ambiente externo.

Biocibernética: ramo da cibernética aplicado à biologia teórica, estuda o funcionamento dos organismos ou sistemas biológicos segundo a gramática dos sistemas computacionais, com especial interesse para a neurociência e a ecologia. Um de seus pioneiros foi o americano Norbert Wiener.

Catalisador: molécula capaz de acelerar uma reação química sem se transformar ou ter suas propriedades alteradas, como os compostos metálicos empregados nos escapamentos antipoluição. As enzimas são catalisadores bioquímicos, como a ptialina, enzima presente na saliva que catalisa a decomposição do amido por hidrólise.

Cladogênese: processos responsáveis pela ruptura da coesão original em uma população, gerando duas ou mais populações que não podem mais trocar genes.

Deontológico: a deontologia, em grego literalmente "ciência ou estudo dos deveres", na acepção linguística designa o conjunto de compromissos da linguagem com a realidade intrínsecos ao funcionamento da vida social.

Entrópico: a entropia é a quantidade de desordem presente em determinado sistema biológico ou físico-químico, expressão da intensidade dos entrechoques entre as partículas constituintes em função da energia disponível no meio para mudanças de estado. Por exemplo, em condições normais o vapor de água possui entropia muito mais elevada que a água em estado sólido. Por extensão de sentido, entropia passou a designar o grau de organização de um dado sistema.

Estereoespecífico: propriedade de certas moléculas orgânicas, como as enzimas, de se ligarem apenas a substratos com uma conformação tridimensional determinada, ignorando suas versões quimicamente idênticas mas com outras configurações espaciais.

Estocástico: processo ou fenômeno governado por incerteza ou imprevisibilidade, não mensurável segundo padrões determinados, apenas pela análise de sua distribuição probabilística. Em linguística, designa a propriedade da língua de se organizar em sentenças cujo sentido é determinado pelas sentenças anteriores, numa espécie de fluxo improvisativo.

Eucarionte: célula ou organismo cujas células possuem núcleo bem definido, com o material genético do DNA separado do citoplasma através de uma membrana protetora. Por exemplo, as plantas e os animais superiores são eucariontes. Opõe-se ao procarionte, cujas células não apresentam distinção clara entre núcleo e citoplasma, como as bactérias e outros seres unicelulares.

Experimento de Schrödinger: exercício mental proposto pelo físico austríaco Erwin Schrödinger em 1935 para ilustrar a natureza paradoxal dos fenômenos quânticos. Consiste em imaginar um gato preso numa caixa de metal com veneno que pode ou não ser liberado por um disparador radioativo, regido pelas leis probabilísticas da mecânica quântica. Segundo Schrödinger, o gato está ao mesmo tempo vivo e morto enquanto possibilidade e realidade não convergirem.

Fenótipo: expressão visível do genótipo, isto é, o conjunto dos genes de um indivíduo. Por exemplo, a cor da pele ou o tipo sanguíneo.

Filogênese: processo biológico que resulta na diferenciação genética entre classes, gêneros, espécies e outros níveis taxonômicos, estendido ao longo do tempo evolutivo. A filogênese pode ser graficamente representada por diagramas em forma de árvore, que ilustram as divergências e convergências entre seres originados de ancestrais compartilhados.

Genoma: conjunto completo dos cromossomos de um indivíduo, que reúne todos os seus genes e alelos.

Genótipo: conjunto total ou parcial da informação genética contida nos cromossomos de um indivíduo, que determina seu fenótipo.

Introgressão genética: transferência permanente de genes ou alelos de uma espécie para o pool genético de outra através de hibridação ou retrocruzamento. Por exemplo, a incorporação de genes do homem de Neandertal pelo *Homo sapiens*.

Meme: em antropologia, é qualquer pensamento, ideia ou comportamento transmissível por imitação de uma pessoa para outra no interior de uma cultura ou entre culturas distintas. É uma unidade de transmissão cultural para símbolos, discursos, práticas etc., capaz de competir com outras unidades meméticas, à maneira dos genes no processo de seleção natural.

Memeplex: abreviação de complexo de memes, designa o conjunto de memes interdependentes que determinam os sistemas políticos, culturais e religiosos.

Ontogênese: história do desenvolvimento de um determinado ser entre o nascimento ou concepção e a idade adulta, intrinsecamente ligado a sua história filogenética. No caso dos seres humanos, a ontogênese diz respeito às transformações do embrião até se tornar feto, do feto em criança e assim sucessivamente.

Paleoarqueologia: ramo da arqueologia dedicado à investigação da evolução da espécie humana no período anterior a 10 000 a.C., até 20 milhões de anos atrás. Tem conexões com a antropologia física e a paleogenética, entre outros campos relacionados à gênese do *Homo sapiens*.

Perspectivismo: em antropologia, o princípio epistemológico que declara a impossibilidade de existir uma verdade absoluta ou universal capaz de explicar os fenômenos culturais. Associado ao pensamento nietzschiano, o perspectivismo explicita a diversidade entre as visões e concepções do mundo das semiespécies humanas, irredutíveis a um padrão normativo determinável pelo observador e inclassificáveis segundo uma hierarquia evolutiva.Na acepção fixada por Eduardo Viveiros de Castro e Tânia Stolze Lima, o perspectivismo ameríndio se refere ao funcionamento polissêmico e polimórfico das mitologias de alguns povos nativos da América, nas quais as relações humanas com as coisas, plantas e animais são mediadas pelos espíritos segundo uma teia de liames cosmológicos, tornando natureza e cultura ontologicamente indistintas.

Pool gênico: conjunto de todos os genes/alelos presentes numa dada população da mesma espécie.

Potlatch: termo da língua geral do noroeste da América do Norte para "presente" ou "dádiva", designa o ritual festivo periódico em torno do qual se organizam as instituições sociais dos povos indígenas da região. Envolve a troca de presentes e o sacrifício de bens valiosos para reafirmar laços de afinidade entre grupos e/ou tribos distintas, durante os quais se efetuam casamentos, divórcios, contratos etc.

Pressão osmótica: medida da pressão necessária para impedir a difusão de um solvente líquido ou gasoso através de uma membrana, determinada pela natureza físico-química do soluto. Grande parte dos mecanismos biológicos, como a homeostase, é regulada primariamente pelo controle da osmose, isto é, a transferência de solvente do meio mais diluído (externo) para o mais concentrado (interno) através das membranas celulares.

Protofenômeno: segundo Goethe, o *Urphänomen* ou fenômeno originário é todo acontecimento primordial que antecede e fundamenta a manifestação do orgânico, estruturando idealmente a compreensão da natureza. Em neurociência, é a unidade elementar da consciência, que demarca teoricamente o grau zero da subjetividade.

Recursividade: em linguística, segundo a gramática gerativa, consiste na capacidade de a linguagem se reproduzir infinitamente através da repetição das regras de construção de uma sentença nas sentenças subsequentes.

Síntese Evolucionária Estendida: modelo teórico da biologia evolutiva que procura expandir os postulados da síntese moderna, hegemônica até os anos 1940, a partir de dois conceitos-chave, desenvolvimento construtivo e causação recíproca. A SES repensa as relações entre genótipo e fenótipo e confere papel preponderante à construção de nichos. Proposta nos anos 1950, atualmente tem entre seus entusiastas o americano Kevin Laland.

Sistema geométrico de referência: conjunto de coordenadas que determina a topologia de um dado espaço a partir de um ponto de origem. Por exemplo, o sistema cartesiano das dimensões da realidade cotidiana, organizado nos eixos de largura, comprimento e profundidade a partir da posição do observador. Ou ainda, o cronótopo relativístico do espaço-tempo einsteiniano, no qual o tempo depende das propriedades do espaço.

Superorganismo: termo cunhado em 1917 pelo antropólogo americano A. L. Kroeber, o superorgânico designa o nível social e/ou cultural das interações entre os indivíduos, superior ao funcionamento orgânico de seus corpos e mentes em nível de complexidade, mas a ele intimamente relacionado. Segundo Kroeber, as sociedades humanas seriam superorganismos dotados de "vida própria".

Teleomático: segundo o biólogo americano Ernst Mayr, "um processo ou um comportamento teleomático é aquele que deve sua direcionalidade para um objetivo, para a operação de um programa".

Teleonômico: processo similar ao teleomático, governado por regras estritas, mas que não é direcionado por um objetivo previamente determinado.

Vesículas: bolsas membranosas situadas nas extremidades dos axônios (prolongamentos) dos neurônios, armazenam os neurotransmissores responsáveis pelo transporte intercelular do impulso nervoso.

Quadro de pensadores

A. L. KROEBER (1876-1960): americano/ antropólogo/ antropologia cultural
Abba LERNER (1903-1982): russo-americano/ economista/ pós-keynesianismo
Adam SMITH (1723-1790): escocês/ economista/ economia política
Alfred RADCLIFFE-BROWN (1881-1955): inglês/ antropólogo/ antropologia social
Alfred Russel WALLACE (1823-1913) : galês/ naturalista/ biologia evolutiva
Alfred SCHMIDT (1931-2012): alemão/ filósofo/ materialismo histórico
ARISTÓTELES (384-322 a.C.): grego/ filósofo/ filosofia peripatética
Arnold GEHLEN (1904-1976): alemão/ filósofo/ antropologia filosófica
August SCHLEGEL (1767-1845): alemão/ filósofo/ romantismo
Auguste COMTE (1798-1857): francês/ filósofo/ positivismo
B. F. SKINNER (1904-1990): americano/ psicólogo/ psicologia comportamental
Bento de ESPINOSA (1632-1677): luso-holandês/ filósofo/ racionalismo
Benedict ANDERSON (1936-2015): anglo-irlandês/ cientista político/ relações internacionais
Benjamin Lee WHORF (1897-1941): americano/ linguista/ linguística cognitiva
Bronisław MALINOWSKI (1884-1942): polaco-americano/ antropólogo/ antropologia cultural
Carl MENGER (1840-1921): austríaco/ economista/ teoria econômica
Carlton HAYES (1882-1964): americano/ historiador/ relações internacionais
Charles DARWIN (1809-1882): inglês/ naturalista/ biologia evolutiva
Charles S. PEIRCE (1839-1914): americano/ filósofo/ pragmatismo
Clark WISSLER (1870-1947): americano/ antropólogo/ antropologia cultural
Claude BERNARD (1813-1878): francês/ médico/ fisiologia
Claude LÉVI-STRAUSS (1908-2009): francês/ antropólogo/ antropologia estrutural

Clifford GEERTZ (1926-2006): americano/ antropólogo/ antropologia cultural
Clyde KLUCKHOHN (1905-1960): americano/ antropólogo/ antropologia social
Corina TARNITA (1973-): romena/ matemática/ biologia evolutiva
Dan DEDIU (1974-): romeno-holandês/ linguista/ neurolinguística
Daniel LEHRMAN (1919-1972): americano/ psicólogo/ psicologia comparada
David S. WILSON (1949-): americano/ biólogo/ biologia evolutiva
Dorothy D. LEE (1905-1975): americana/ antropóloga/ antropologia social
Douglass NORTH (1920-2015): americano/ economista/ história econômica
Eduardo VIVEIROS DE CASTRO (1951-): brasileiro/ antropólogo/ antropologia cultural
Edward BURNETT TYLOR (1832-1917): inglês/ antropólogo/ antropologia social
Edward O. WILSON (1929-2021): americano/ biólogo/ sociobiologia
Edward SAID (1935-2003): palestino-americano/ ensaísta/ estudos pós-coloniais
Edward SAPIR (1884-1939): polaco-americano/ linguista/ antropologia linguística
Émile BENVENISTE (1902-1976): francês/ linguista/ linguística estrutural
Émile DURKHEIM (1858-1917): francês/ sociólogo/ sociologia clássica
Emmanuel LEVINAS (1906-1995): lituano-francês/ filósofo/ fenomenologia
Eörs SZATHMÁRY (1959-): húngaro/ biólogo/ biologia teórica
Erich AUERBACH (1892-1957): alemão/ filólogo/ literatura comparada
Ernst CASSIRER (1874-1945): alemão/ filósofo/ filosofia da cultura
Ernst FEHR (1956-): austro-suíço/ economista/ neuroeconomia
Ernst MAYR (1904-2005): alemão/ biólogo/ biologia evolutiva
Erwin SCHRÖDINGER (1887-1961): austro-irlandês/ físico/ teoria quântica
Étienne Geoffroy SAINT-HILAIRE (1772-1844): francês/ naturalista/ biologia evolutiva
Eva JABLONKA (1952-): israelense/ bióloga/ biologia evolutiva
Ferdinand de SAUSSURE (1857-1913): suíço/ linguista/ linguística estrutural
Francis GALTON (1822-1911): inglês/ antropólogo/ eugenismo

Francisco VARELA (1946-2001): chileno/ biólogo/ biologia teórica
François JACOB (1920-2013): francês/ biólogo/ biologia molecular
Frantz FANON (1925-1961): martiniquense/ filósofo/ estudos pós-coloniais
Franz BOAS (1858-1942): teuto-americano/ antropólogo/ antropologia cultural
Fredrik BARTH (1928-2016): norueguês/ antropólogo/ antropologia social
Friedrich ENGELS (1820-1895): alemão/ filósofo/ materialismo histórico
Friedrich LIST (1789-1846): teuto-americano/ economista/ economia política
Georg W. F. HEGEL (1770-1831): alemão/ filósofo/ idealismo
George MURDOCK (1897-1985): americano/ antropólogo/ antropologia cultural
Georges CUVIER (1769-1832): francês/ naturalista/ paleontologia
Gerd MÜLLER (1953-): austríaco/ biólogo/ biologia teórica
Gregor MENDEL (1822-1884): tcheco/ biólogo/ genética
Gregory BATESON (1904-80): anglo-americano/ antropólogo/ antropologia cultural
Gustav von SCHMOLLER (1838-1917): alemão/ economista/ história econômica
Henri BERGSON (1859-1941): francês/ filósofo/ metafísica
Henry MARGENAU (1901-1997): teuto-americano/ físico/ filosofia da ciência
Herbert FEIGL (1902-1988): austro-americano/ economista/ filosofia analítica
Herbert SPENCER (1820-1903): inglês/ filósofo/ darwinismo social
Hope HARE (?): americana/ bióloga/ biologia evolutiva
Hugo DE VRIES (1848-1935): holandês/ biólogo/ genética
Humberto MATURANA (1928-2021): chileno/ biólogo/ biologia teórica
Ian TATTERSALL (1945-): anglo-americano/ antropólogo/ paleoantropologia
Immanuel KANT (1724-1804): alemão/ filósofo/ iluminismo
Ina BORNKESSEL-SCHLESEWSKY (1979-): alemã/ psicologia/ neurociência
Isaac NEWTON (1642-1727): inglês/ físico/ mecânica clássica
J. B. S. HALDANE (1892-1964): inglês/ biólogo/ biologia evolutiva
Jacques MONOD (1910-1976): francês/ bioquímico/ biologia molecular
Jakob von UEXKÜLL (1864-1944): alemão/ biólogo/ biologia teórica
James Clerk MAXWELL (1831-1879): escocês/ matemático/ física teórica

Jean PIAGET (1896-1980): suíço/ psicólogo/ construtivismo
Jean-Baptiste LAMARCK (1744-1829): francês/ naturalista/ biologia evolutiva
Jean-Paul SARTRE (1905-1980): francês/ filósofo/ existencialismo
Johann Friedrich BLUMENBACH (1752-1840): alemão/ naturalista/ antropologia
Johann Gottfried HERDER (1744-1803): alemão/ filósofo/ iluminismo
John Bellamy FOSTER (1953-): americano/ economista e sociólogo/ teoria social
John C. ECCLES (1903-1997): australiano/ médico/ neurofisiologia
John MAYNARD SMITH (1920-2004): inglês/ biólogo/ biologia evolutiva
John Richard HICKS (1904-1989): inglês/ economista/ teoria econômica
John SEARLE (1932-): americano/ filósofo/ filosofia das ciências sociais
John TOOBY (1952-): americano/ antropólogo/ psicologia evolutiva
Julian STEWARD (1902-1972): americano/ antropólogo/ antropologia cultural
Jürgen HABERMAS (1929-): alemão/ sociólogo/ teoria social
Karl BÜCHER (1847-1930): alemão/ economista/ história econômica
Karl MARX (1818-1883): alemão/ filósofo/ materialismo histórico
Karl POLANYI (1886-1964): austro-húngaro/ economista/ história econômica
Karl POPPER (1902-1994): austro-britânico/ filósofo/ filosofia analítica
Kevin N. LALAND (1962-): inglês/ biólogo/ biologia evolutiva
Konrad LORENZ (1903-1989): austríaco/ biólogo/ etologia
Leda COSMIDES (1957-): americana/ psicóloga/ psicologia evolutiva
Leonard BLOOMFIELD (1887-1949): americano/ linguista/ linguística estrutural
Leslie WHITE (1900-1975): americano/ antropólogo/ antropologia cultural
Lewis Henry MORGAN (1818-1881): americano/ antropólogo/ antropologia social
Ludwig FEUERBACH (1804-1872): alemão/ filósofo/ materialismo
Ludwig WITTGENSTEIN (1889-1951): austro-britânico/ filósofo/ filosofia analítica
Marcel MAUSS (1872-1950): francês/ antropólogo/ antropologia social
Marion J. LAMB (1939-): inglesa/ bióloga/ biologia evolutiva
Marquês de CONDORCET (1743-1794): francês/ filósofo
Marshall D. SAHLINS (1930-2021): americano/ antropólogo/ antropologia cultural

Martin HEIDEGGER (1889-1976): alemão/ filósofo/ fenomenologia
Martin NOWAK (1965-): austríaco/ biólogo/ biologia teórica
Marvin HARRIS (1927-2001): americano/ antropólogo/ antropologia cultural
Max WEBER (1864-1920): alemão/ sociólogo/ sociologia clássica
Michael TOMASELLO (1950-): americano/ psicólogo/ psicologia evolutiva
Moritz WAGNER (1813-1887): alemão/ naturalista/ biologia evolutiva
Nicolai HARTMANN (1882-1950): alemão/ filósofo/ metafísica
Niklas LUHMANN (1927-1998): alemão/ sociólogo/ teoria social
Nikolai TRUBETZKOY (1890-1938): russo/ linguista/ linguística estrutural
Niles ELDREDGE (1943-)/ americano/ biólogo e paleontólogo/ biologia evolutiva
Noam CHOMSKY (1928-): americano/ linguista /biolinguística
Norbert WIENER (1894-1964): americano/ matemático/ cibernética
Paul-François TREMLETT (?-): franco-britânico/ antropologia/ antropologia social
Perry ANDERSON (1938-): inglês/ historiador/ materialismo histórico
Peter J. RICHERSON (1943-): americano/ biólogo/ ecologia humana
Peter WINCH (1926-1997): inglês/ filósofo/ filosofia das ciências sociais
Richard DAWKINS (1941-): inglês/ biólogo/ biologia evolutiva
Richard LEVINS (1930-2016): americano/ agrônomo e matemático/ biologia teórica
Richard LEWONTIN (1929-2021): americano/ biólogo/ biologia evolutiva
Richard NELSON (1941-2019): americano/ antropólogo/ economia evolucionária
Richard THURNWALD (1869-1954): austríaco/ antropólogo/ antropologia social
Richard WRANGHAM (1948-): inglês/ antropólogo/ antropologia evolutiva
Robert BOYD (1948-): americano/ antropólogo/ evolução humana
Robert C. BERWICK (1951-): americano/ linguista/ linguística computacional
Robert L. TRIVERS (1943-): americano/ biólogo/ biologia evolutiva
Robert LOWIE (1883-1957): austro-americano/ antropólogo/ antropologia cultural
Robert TRIVERS (1943-): americano/ biólogo/ biologia evolutiva
Roman JAKOBSON (1896-1892): russo-americano/ linguística estrutural
Ronald FISHER (1890-1962): inglês/ estatístico/ bioestatística

Rudolf CARNAP (1891-1970): teuto-americano/ filósofo/ filosofia analítica
Ruth BENEDICT (1887-1948): americana/ antropóloga/ antropologia cultural
Sean CARROLL (1960-): americano/ biólogo/ biologia evolutiva
Sewall WRIGHT (1889-1988): americano/ biólogo/ biólogo evolutiva
Sidney G. WINTER (1935-): americano/ economista/ economia evolucionária
Stephen C. LEVINSON (1947-): inglês/ sociólogo/ psicolinguística
Stephen Jay GOULD (1941-2002): americano/ paleontólogo/ biologia evolutiva
Steven PINKER (1954-): americano/ psicólogo/ psicologia evolutiva
Svante PÄÄBO (1955-): sueco/ bioquímico/ paleogenética
Talcott PARSONS (1902-79): americano/ sociólogo/ funcionalismo
Theodosius DOBZHANSKY (1900-1975): ucraniano-americano/ biólogo/ biologia evolutiva
Thomas MALTHUS (1766-1834): inglês/ economista/ economia política
Thorstein VEBLEN (1857-1929): noruego-americano/ economista/ socioeconomia
Tim INGOLD (1948-): inglês/ antropólogo/ antropologia evolutiva
Tom NAIRN (1932-): escocês/ cientista político/ teoria política
V. Gordon CHILDE (1892-1957): australiano/ arqueólogo/ arqueologia pré-histórica
W. V. O. QUINE (1908-2000): americano/ filósofo/ lógica
Walter BAGEHOT (1826-1877): inglês/ ensaísta/ liberalismo
Walter BENJAMIN (1892-1940): alemão/ filósofo/ materialismo histórico
Walter Bradford CANNON (1871-1945): americano/ médico/ fisiologia
Walter M. ELSASSER (1904-1991): teuto-americano/ físico/ biologia teórica
Wilhelm ROSCHER (1817-1894): alemão/ economista/ história econômica
Wilhelm von HUMBOLDT (1767-1835): alemão/ filósofo/ linguística
William D. HAMILTON (1936-2000): inglês/ biólogo/ biologia evolutiva
William JAMES (1842-1910): americano/ psicólogo/ psicologia evolutiva
Zellig HARRIS (1909-1992): ucraniano-americano/ linguista/ linguística estrutural

Índice remissivo

1ª EDIÇÃO [2022] 2 reimpressões

ESTA OBRA FOI COMPOSTA POR MARI TABOADA EM DANTE PRO E
IMPRESSA EM OFSETE PELA GEOGRÁFICA SOBRE PAPEL PÓLEN SOFT
DA SUZANO S.A. PARA A EDITORA SCHWARCZ EM AGOSTO DE 2022